대한민국 아파트 발굴사

국립중앙도서관 출판시도서목록(CIP)

대한민국 아파트 발굴사 : 종암에서 힐탑까지, 1세대 아파트 탐사의 기록 / 장림종, 박진희 지음. ―
파주 : 효형출판, 2009
    p. ;   cm

ISBN 978-89-5872-078-2 03540 : ₩15,000

아파트[apartment]

617.8-KDC4
728.314-DDC21   CIP2009001155

대한민국 아파트 발굴사

종암에서 힐탑까지, 1세대 아파트 탐사의 기록

장림종·박진희 지음

효형출판

서문

십여 년의 추적

1988년 올림픽을 앞두고 잠시 서울을 들렀을 때 더 이상 아무도 살지 않는 〈종암아파트〉를 찾은 적이 있다. 재건축을 위해서 살던 사람들이 다 빠져나가고 그들이 남긴 흔적만 나뒹구는, 마치 유적지와 같은 곳이었다. 그곳 아파트를 찾아가 발견한 구석구석의 공간들이 내 기억 속에 아직도 선명하게 남아 있다.

그리고 한참이 지나 다시 찾아갔을 때는 〈종암아파트〉가 '선경아파트'라는 이름으로 재건축을 하느라 아파트의 모습은 사라지고 터 파기를 시작할 무렵이었다. 길게 산자락을 내려오며 켜켜이 마주보고 서 있던 세 동의 아파트가 자취를 감추고 없었던 것이다. 현장사무소에 있던 현장기사를 통하여 어렵게 현황 측량도를 구해서 컴퓨터로 〈종암아파트〉의 실체를 삼차원으로 재현해 보았다. 아파트는 원래의 형태로 모습을 드러내고 경사진 땅의 모습도 드러나기 시작하였다. 그리고 〈종암아파트〉에 대한 기록을 추적하면서 〈종암아파트〉를 지었던 중앙산업을 찾아가게 되었다. 그곳에서 시공 당시의 사진을 어렵게 구할 수 있었다. 그렇게 모으고 챙겨 온 자료를 기초로 다양한 아파트의 모습과 실체를 다시 들여다보기로 작정하고 사라져 가는 서울의 아파트를 십여 년이 넘는 기간 동안 추적하고 찾아다녔다.

　그 이후 하나둘 사라져 가는, 서울의 여기저기에 산재해 있는 아파트를 꾸준히 찾아다니며 관찰하고 기록하고 그곳에 사는 사람들을 만나기도 하였다. 이렇게 오랫동안 뛰어다니며 모은 자료들은 서서히 책의 두께로 자라나면서, 다양한 문화적 시각으로 그 층위의 넓은 스펙트럼과 깊이를 읽어 낼 수 있게 되었다.

도시 속의 압도적인 이미지

서울이라는 도시의 경계와 경관은 끊임없이 변하고 있다. 변화하는 도시를 이루는 많은 요소들과 그 관계성 속에서 아파트가 가장 두드러진 구조물이라는 데 대해서는 모두 동의할 것이다. 도시 속의 압도적인 이미지를 가지고 있는 아파트의 자료들을 차츰 모으면서 그 무게는 더해져 갔다. 그리고 모아진 자료들의 무게 속에서 진정한 우리의 아파트, 즉 아파트의 다양한 면모를 발견하게 되었다.

　아파트는 공동 주거의 한 유형으로서 지난 20세기 한국 주거 문화의 한 축을 형성했다. 이미 2000년을 기해 아파트의 수는 단독주택의 수를 넘어서고 말았다. 이처럼 현재의 우리 주거 문화에서 아파트는 단순한 도시의 주거 유형이 아니라, 도시의 주요한 부분이자 도시의 문화이며 도시 생활을 담는 가장 중요한 그릇이 되어 있다.

> **편집자 주** 여기까지는 고故 장림종 교수가 생전에 틈틈이 써 둔 서문의 미완성 초고를 그대로 싣는다. 장 교수는 십여 년간의 연구를 정리하며, 2006년부터 출판을 위한 원고를 집필하던 중, 갑작스런 병환으로 2008년 3월 2일 유명幽冥을 달리했다. 유작遺作이 되어 버린 이 책의 출간을 맞아 삼가 고인의 명복을 빈다.
> 서문의 뒷부분은 공저자이자 고인의 제자인 박진희가 연구와 공동 집필 과정에서 공유해 온 유지遺늘를 바탕으로 하여 마무리했음을 밝혀 둔다.

이처럼 아파트가 우리 사회에서 차지하는 위치에 비해 일반인들에게 인식되어 있는 아파트의 모습은 일렬로 늘어선 판상형 주거이거나 빼곡이 솟아 있는 고층 타워형 등으로 그 이미지가 매우 고정되어 있다. 현재 진행되는 아파트 재건축과 재개발, 그리고 주상 복합 고층 타워 등도 이 같은 추세에서 크게 벗어나지 않는다. 이러한 아파트의 이미지가 탄생하고 압도적인 형태로 고착된 시기가 바로 1960년대 말에서 1970년대 초다. 5·16 혁명 이후 정부 주도의 경제 개발 계획과 맞물린 국가의 주택 대량 공급 정책이 필연적으로 서울의 아파트 붐을 조성하게 되었고, 이때부터 길게 늘어선 판상형의 시민아파트를 위시하여 한강변으로는 대규모 단지의 아파트 군群이 나타나기 시작했다. 이후 여의도 개발과 강남 개발로 이어지면서 급격하게 아파트 건설이 늘어났다. 이처럼 대단위로 조성된 아파트 단지들은 건축의 유형뿐 아니라 도시의 한 모습으로 시민들에게 크게 각인되었고 오늘에 이르게 되었다.

숨겨진 보석들

하지만 아이러니하게도 같은 시기인 1960년대 말, 1970년대 초 대표적인 대단위 판상형 아파트와는 전혀 다른 새로운 시도들이 서울의 곳곳에서 이루어지고 있었다. 정부나 대기업에 의해 주도된 거대한 아파트 단지와 달리 민간에서 중·소규모로 건설된 아파트들이 바로 그것이다. 이들은 도심에서 떨어진 언덕 위, 주택가 골목길 그리고 도심 가로 모퉁이에 작은 규모지만 다양한 형태로 지어졌다. 이들 아파트가 아직 서울 속에 묻혀 있다. 이들은 대부분 1960년대와 1970년대 초에 지어졌지만, 지금도 낯설게 보일 만큼 참신하고 실험적으로 건축되어 오래도록 훌륭히 사용되고 있다. 일반적으로 알려진 바에 따르면, 당시로서는 생경했을, 아파트 안에 마련된 마당인 중정中庭이 커뮤니티를 형성하는 공간으로 활용되거나, 평면에 있어서 새로운 형식을 취한다거나, 그를 반영한 새로운 건축의 입면立面을 엿볼 수 있는 등 지금까지의 아파트에 대한 시각을 다시 생각하게 하는 매우 가치 있는 존재들이다. 하지만 이들은 이제까지 공개적으로 알려지고 논의된 적이 없었으며, 안타깝게도 현재까지의 아파트에 대한 기록과 학문적인 연구의 대상에서 이들 아파트는 제외되었다. 현재 심하게 훼손되거나 머지않아 재건축 혹은 재개발로 인하여 곧 존재가 사라지게 될 상황에 처해 있다. 실제로 상당수의 아파트는 이미 도시 속 삶에서 사라져 버렸다. 따라서 이들에 대한 기록과 자료의 확보가 중요하다. 나아가 기록의 차원을 넘어 이러한 숨겨져 있는 아파트를 발굴해 내서 논의하고 정리하여, 이제까지의 아파트에 대한 고착된 이미지를 반전할 수 있는 작은 가능성을 찾고자 한다. 도시의 일부로서, 도시의 문화를 담는 그릇으로서, 도시 생활의 중요한 공간으로 아파트의 새로운 가능성을 보고자 하는 것이다.

    이 숨겨진 보석들을 찾아내 다시 들여다보고, 그것들을 서로 동시대의 건축물로 함께 읽어 가면서 이제까지 우리가 가지고 있던 아파트에 대한 생각을 되새기는, 아파트에 대한 새로운 바라보기를 시도했다.

아파트의 깊이는 깊다

아파트를 어떻게 재발견하여 정리할 것인가? 오랜 시간 축적되어 온 아파트 자료들이 서로 관계 맺기를 통하여 의미의 전체를 그려 내도록 하였다. 다음과 같이 4단계에 걸쳐 아파트의 실체와 그에 대한 새로운 시각을 펼쳐 보였다.

1장 '아파트는 우리에게 무엇이었나?'에서는 아파트에 관한 기억을 펼쳐 본다. 아파트가 등장하고, 그것이 받아들여져 보편적인 삶의 유형으로 정착하기까지 어떤 일들이 있었을까? 과거를 더듬어 보며 그 안에서 사람들의 삶의 모습은 어떻게 변해 나갔는지 보게 된다.

2장 '도시 속 아파트, 다양한 유형'에서는 도시 속 아파트가 어떠한 의미인지를 좀 더 자세히 들여다볼 것이다. 단지형이 아니었던 초기 아파트들이 도시 속에서 어떻게 자리하고 있었는지, 그리고 그것이 주거 유형으로 어떤 의미가 있는지를 살핀다. 도시의 형태와 아파트 유형이 가지고 있는 관계를 통해 도시 속 아파트의 새로운 의미를 찾아볼 수 있을 것이다.

3장 '아파트 들여다보기'에서는 개별 아파트들을 상세히 들여다봄으로써 그들의 건축성을 재발견해 볼 것이다. 최초의 아파트를 재현해 보기도 하고, 자생적인 주거의 모습을 엿보기도 하고, 오래된 아파트 속에서 새로운 공간성을 찾아보기도 하였다. 이는 이전에는 몰랐던 아파트가 지닌 의외의 면모를 만나는 기회가 될 것이다.

4장 '아파트의 문화적 풍경'에서는 다양한 문화적 프리즘을 통해 아파트를 분석해 본다. 문학, 영화, 광고, 미술이라는 문화의 영역에서 등장하는 아파트는 물리적 실체를 넘어 문화적 코드로 작용하고 있다. 문학 텍스트를 통해 1960~70년대 아파트와 삶이 어떠한 관계를 맺고 있는지를 보고, 영화를 통해 배경으로 자리한 아파트의 다양한 이미지를 엿본다. 광고를 통해서는 아파트에 관한 인식이 어떻게 변하여 왔는지, 그것이 상품과 브랜드로서 가치를 갖게 된 흐름을 살펴본다. 마지막으로 오래된 아파트를 그리는 화가를 만나고, 시간이 축적되어 온 삶의 모습이 어떠한 의미를 가지고 있는지 그림이라는 매개를 통해 음미한다.

　아파트의 깊이는 깊다. 아파트는 근대화의 산물을 넘어 이제는 삶의 모습이자 하나의 문화가 되었다. 그리고 그것은 우리가 생각했던 것보다 훨씬 더 다양한 층위를 통해 축적되어 온 문화다. 이 책이 그 깊이를 느낄 수 있는 기회가 되었으면 한다.

　　　　　　　　　　　　　고故 장림종 선생님의 뜻을 받들어
　　　　　　　　　　　　　제자 박진희가 나름대로 이어 쓰다.

프롤로그

언제 끝이 날까 싶던 글쓰기 작업이 드디어 결실을 맺게 되었습니다. 그 결과물은 그저 한 권의 책일 뿐이지만, 쉽지 않았던 길이었기에 여러 생각과 감정이 뒤섞입니다.

오래된 아파트에 관심을 두기 시작한 때는 장림종 교수님의 연구실에 들어가고 나서부터였습니다. 학부를 마치고 건축 설계 공부를 더해 볼 양으로 대학원에 진학할 때만 해도 사실 오래된 아파트에 대한 관심은 그다지 많지 않았습니다.

2002년 처음 교수님과 함께 답사를 나갔던 아파트는 〈남아현 아파트〉였습니다. 아무것도 모른 채 교수님의 답사를 뒤따라가며 의아했습니다. 이 작업이 무슨 의미가 있는 걸까. 곁에서 봤을 때는 아파트인지도 잘 모를 건물에 도착해 그 안에 들어섰습니다. 낡아 보이기만 하던 건물의 안에 들어가는 순간, 햇빛을 담고 있는 중정中庭과 숨겨져 있던 다양한 공간을 볼 수 있었습니다. 그것은 이십여 년간 아파트 단지에서만 살아온 제게 참으로 생경한 풍경이었습니다. 그때 교수님께서 왜 이리 오래된 아파트들을 찾아다니시는지 조금이나마 이해할 수 있었습니다.

연구실 동료와 쪼그리고 앉아 실측을 하고 있자니 한 아주머니께서 이렇게 물어 보셨습니다. "재개발 때문에 온 거야?" 이는 그 후에도 아파트 조사를 나가면 가장 많이 듣는 질문이었습니다. 갈수록 아파트는 다양한 삶의 모습을 담아내는 공간의 개념을 넘어 누군가에게는 생존의 문제가, 누군가에게는 부富의 문제가 되고 있습니다. 조사하는 아파트들은 어느 순간 모두 재개발 대상이 되어 있었고, 아파트 답사를 나갈 때마다 예민하게 바라보는 시선을 느낄 수 있었습니다. 뭐하러 이런 낡은 것을 조사하냐는 의아한 눈초리도 있었고, 사람 사는 데 와서 복잡하게 하지 말라는 질타도 들으며 그렇게 하나하나 기록해 나갔습니다.

도시 속 주거의 유형으로서, 사람이 살아가는 삶의 공간으로서 그 자리에 있던 아파트들. 그것은 그저 낡기만 한, 도시 속에서 버려져야 할 대상인지. 설령 그렇다 해도 그 존재마저 잊혀져야 하는지. 사라지는 것을 기록하고 그 의미를 생각한 데에는 우리네 삶의 모습이 그냥 그렇게 없어지는 현실을 안타까워하는 마음도 있었습니다. 그렇게 시작된 관심은 석사학위 논문으로 이어졌고, 서울에 남아 있던 1960년대와 70년대에 지어진 아파트를 발로 찾아다니며, 그 흔적을 찾고자 너덜너덜한 옛 지도를 뒤적이며 논문을 썼습니다.

　졸업하고 설계 사무소에서 정신없이 일하면서, 많은 건축물이 사라지고, 또 많은 건축물이 생겨나면서 빠르게 변해 가는 도시의 모습을 현장에서 느낄 수 있었습니다. 도시와 건축은 그저 물리적인 실체로만 받아들이기에는 너무나 많은 이야기를 담고 있었고, 그것을 진정 이해하려면 복잡하고 다양한 관계를 알아야겠다고 생각했습니다. 2년간 실무를 경험한 뒤 제 부족함을 채울 욕심에 박사과정으로 학교에 돌아오게 되었고, 다시 교수님 밑에서 공부하게 되었습니다.

　교수님께서는 같이 오래된 아파트에 대한 책을 써 보자고 권유하셨습니다. 십여 년 동안 찾고 모은 자료들은 무게감과 깊이를 더해 가고 있었습니다. 출판사와 이야기가 되고 본격적으로 시작한 때가 2007년이었으니 어느덧 2년여의 시간이 흘렀습니다. 교수님께서는 이 책의 글쓰기를 '숙제'라고 표현하셨습니다. 그만큼 부담감이 느껴지는 동시에 완성에 대한 설렘을 가지고 계셨던 일 중 하나였습니다.

　하지만 작년 봄이 시작할 무렵 갑작스레 교수님께서 세상을 떠나시면서 결국 그 결과물을 보실 수 없었습니다. 자신도 가시리라 예상하지 못하셨기에 모든 것은 진행 중이던, 미완성인 상태 그대로였습니다. 남아 있던 연구생들과 연구실을 정리하고, 미완성의 원고를 보며 결국 혼자 남아 마무리해야 한다는 사실이 막막하기도 했습니다. 지난 한 해를 이 책과 씨름하며 보냈습니다. 1년여 동안 자료를 정리하고 짧은 필력이나마 글을 완성해 나갔습니다. 글이 막힐 때마다 교수님의 부재不在와 제 한계를 절감했습니다. 쓰면 쓸수록, 교수님이 계셨더라면 이 책에 더 많은 이야기를 풍부하게 담아냈을 텐데 하는 아쉬움이 커졌습니다.

늘 웃음으로 대해 주시던 교수님이셨습니다. 모자란 제자를 변치 않고 웃음으로 대해 주셔서 고마웠습니다. 고마움과 함께, 같이 책을 쓰자시던 그 말씀을 기억하고, 약속을 지키는 마음으로 미완성인 부분들을 채워 나가다 보니 한 권의 책이 나오게 되었습니다. 막상 책이 나올 때가 되니 걱정이 앞섭니다. 하고자 했던 이야기가 제대로 전달이 되는지, 교수님께서 하고 싶으셨던 이야기가 다 담겨 있을지…… 하는 소소한 걱정이 제게는 지금 책이 나온다는 기쁨보다 더 크게 다가옵니다.

비록 '숙제'를 마치진 못하셨지만, 제자가 대신한 이 '숙제'의 결과물이 마음에 드셨으면 좋겠습니다. 아마 그러시다면, 늘 그러셨듯 미소를 짓고 계실 모습을 떠올려 봅니다.

예전에 교수님께서 자신의 건축관에 대해 쓰신 글 중에 이런 문구가 있었습니다.

검소한 건축을 통하여 몇 가지의 중요한 의미있는 일들을 챙겨 볼 수 있겠다.

첫째, 우리 주위의, 혹은(그리고) 나 자신의 내버려진, 지나쳐 버린 구석, 공간에 눈을 돌릴 수 있게 되는 것이다. 베란다, 텃밭, 골목길, 쓰레기장, 서랍 속, 휴지통 등이 검소한 건축의 공간이 되는 것이다. 즉 우리가 건축을 할 수 있는 공간이 되어 확장되는 셈이다.

둘째, 우리가 갖고 있는 공간, 건물, 흔적을 다시 들여다볼 수 있게 되는 것이다. 그것들을 다시 닦고, 고쳐 쓰고, 매만지면서 비로소 숨겨져 있던 생명을 되살리는 것이다. 이러한 되살리기 작업을 통하여 있던 것을 이해하고, 새로운 것으로 맞추어 내고, 그리고 그들의 관계를 이해하는 것이다.

매일의 일상 속에서 지나쳐 가는 삶의 모습, 도시의 모습, 건축의 모습. 그것들을 새롭게 바라보고자 했던 노력이 오래된 아파트에 대한 재발견으로 이어지지 않았을까요. 교수님께서 시도하셨던 이러한 시선이 우리의 아파트에 대한 새로운 인식과 문화를 만드는 기반이 되길 바랍니다.

어찌하다 보니 교수님께서 연세대학교 건축공학과에 부임하시는 것을 봤고, 석사과정을 마치고, 회사 생활 이후 박사과정을 하며 교수님의 곁에서 꽤 오랜 시간을 함께했습니다. 그리고 교수님께서 시작하신 연구를 마무리 짓게 되었습니다. 하지만 여기 담긴 자료들은 모두 교수님의 가르침을 받은 제자들의 도움 없이는 모을 수 없었던 것입니다.

아파트를 하나하나 돌아다니며 구석구석 실측했던 사람들, 캐드CAD라는 도구도 잘 쓰지 않던 시절 일일이 손으로 도면을 남겼던 사람들, 교수님의 수업을 듣고 또는 논문을 쓰며 더욱 더 깊은 연구를 진행했던 사람들, atstudio라는 이름으로 교수님과 많은 것을 함께하고 그것을 남겼던 사람들, 교수님의 책이 나온다는 얘기에 도움을 준 그 모든 이에게 감사의 마음을 전합니다.

머리를 싸맸던 지난 1년, 옆에서 힘이 되어 준 가족과 같이 고생한 남편 안대호에게 진심으로 고맙다는 말을 전하고 싶습니다.

이제 교수님께서 가신 1년을 정리하며 교수님께서 계신 그곳에 이 책을 놓아 드려야겠습니다. 끝으로 장림종 교수님의 가족, 늘 다정하신 사모님 이주연 님과 아빠를 닮아 밝고 씩씩한 두 딸 장준영, 장재영에게 이 책이 작은 선물이 되었으면 합니다.

2009년 4월
장림종 교수님을 추모하며
박진희

차례

서문 5
프롤로그 13

Ⅰ. 아파트는 우리에게 무엇이었나?

　01 아파트가 받아들여지기까지 26
　　아파트의 등장 | 일상에 정착하다

　02 아파트 생활의 변화 36
　　연료의 변화와 식당의 등장 | 집 안으로 들어온 욕실과 변소

　03 전후 복구 주거에서 대량생산으로 47
　　주택난의 해법 | 다양한 개발 주체

Ⅱ. 도시 속 아파트, 다양한 유형

　01 도시 속 아파트의 유형 56
　　힐버자이머의 고층 도시 | 도시 계획과 집합 주거 계획의 거대화 |
　　아파트의 복제와 대량생산 | 균형과 조화를 추구한 실험들

　02 도시의 흔적 67
　　비정형적인 선형의 아파트 : 〈성요셉아파트〉 〈서소문아파트〉 〈삼선상가아파
　　트〉-〈삼익맨션아파트〉-〈성북상가아파트〉 〈신영상가아파트〉 |
　　선형의 아파트가 보여 주는 특징 | 도시의 연속성을 그대로

03 모여 살기와 공공의 마당　78
　　블록형 아파트 : 〈동대문아파트〉〈원일아파트〉〈현대아현아파트〉
　　〈안산맨숀〉| 블록형 아파트의 특징 | 중정의 물리적 규모 |
　　마당과 경계, 그 안에서 모여 살기

Ⅲ. 아파트 들여다보기

01 최초의 아파트, 그 흔적 찾기 〈종암아파트〉　94
　　아파트의 시작 | 중앙산업주식회사 | 근대 주거 건축의 계획 |
　　〈종암아파트〉 흔적 찾기와 그 의미

02 가장 오래된 역사의 산증인 〈충정아파트〉　110
　　일제강점기의 집합 주거와 '아파트' | 적층된 시간의 켜 |
　　그 안에 감춰진 이야기들

03 반세기 전의 전후 주거 〈장충단길 공동주택〉　124
　　주거 공간의 생명력 | 과거와 현재

04 호텔형 수입 아파트 〈힐탑아파트〉　136
　　새로운 건축 기술과 자재의 도입 | 언덕 위의 아파트 |
　　독창적인 계획과 건축가의 작은 시도들

05 반복과 변주의 새로운 가능성 〈등마루아파트〉　150
　　아파트의 반복성과 부정적 시각 | '등마루'의 아파트, 그 계획적 특징 |
　　아파트의 반反대량 복제

06 허물어진 도시의 요새 〈한남아파트〉　160
　　삼각형의 아파트 | 시간이 퇴적된 흔적 | 오래된 미래

07 '나의 집' 그리고 '우리 마을' 〈회현 제2시범아파트〉　170
　　획기적인 주거 정책 | 서울을 둘러싼 병풍, 시민아파트 |
　　놓쳐 버린 두 마리의 토끼 | 회현 '제2시민' 아파트 또는 회현 '시범' 아파트 |
　　아파트에서 모여 살기 | 시스템화된 모여 살기로서의 근린주구 |
　　진짜 모여 살기: 시·공간 환경

08 어울림과 비움의 실험 〈남아현아파트〉　188
　　의외의 발견 | 1960년대의 블록형 아파트 |
　　비워 내기와 채워 넣기: 아파트의 여유 공간 | 다시 찾은 〈남아현아파트〉

09 미완의 진취적 표상 〈마포아파트〉　202
　　사회적 배경 | 주택 정책과 사회적 인식의 변화 |
　　건축가 엄덕문과 건축 이론 | 그림과 현실 사이의 거리 |
　　서구적 생활양식의 구현 | '아파트 시대'를 열다

Ⅳ. 아파트의 문화적 풍경

01 문학 속의 아파트: 이야기에 담긴 역사와 시각　224
아무리 지어도 턱없이 모자란 집 | 소시민의 삶과 아픔 |
중산층의 주거 공간으로 자리 잡다 | 콘크리트 벽 사이로 단절된 삶

02 영화 속의 아파트: 배경이 담고 있는 의미　241
아프레 걸은 아파트에 산다 |
소외·익명·폐쇄의 공간에 숨어든 현대인 | 무섭고 기묘한 이야기

03 광고 속의 아파트: 아파트에 산다는 것의 가치　256
상품화와 브랜드, 광고 | 정보의 전달에서 이미지의 전달로 |
차별화 속에 현실은 왜곡된다

04 그림 속의 아파트: 아파트를 추억한다　267
도시와 미술 | 서울의 혼란을 보는 시선 |
아스팔트킨트 화가들 | 오래된 아파트를 그리다

주　281

사진 저작권

ⓒ 진효숙 68, 69 아래, 70, 81 오른쪽, 124, 128, 132, 133, 136, 139, 146 왼쪽, 147, 148 왼쪽, 150, 154, 157, 170, 177, 182, 185, 188, 193, 195, 196, 198, 199, 268
ⓒ 대한주택공사 37, 62, 86, 87, 140 위 왼쪽, 209, 212, 215, 218
ⓒ 중앙산업주식회사 94, 99, 100, 101, 102, 105 아래 왼쪽

I
아파트는 우리에게 무엇이었나?

01 아파트가 받아들여지기까지

몇 해 사이 우리 도시의 키가 참 높아졌다는 생각이 든다. '고층'이라 불리던 아파트는 '중층'이 되고, 고층보다 더 높다는 '초超고층'이라는 단어도 생겨났다. 높이라는 것은 상대적이다. 그리고 그 기준은 계속 변한다. 처음에는 저기서 어떻게 사나 싶었던 높이도 적응이 되고, 그 높이의 매력과 그에 대한 동경은 점점 커지는 듯하다. 삶의 모습 또한 참 많이 달라졌다. 집에 들어가기 전에 지문 인식 장치를 통해 외부인을 차단할 수도 있고, 차량을 통제하는 자동 센서가 달렸고, 세대별로 엘리베이터를 호출하며, 위급할 때는 구급 호출도 할 수 있다. 아파트의 서비스는 나날이 진화한다.

초고층 아파트는 처음의 의도와는 다르게 구매력을 갖춘 부유층을 대상으로 하면서, 1990년대 이후 유행처럼 서울 도심부의 스카이라인을 새롭게 만들어 가고 있다. 하늘을 찌를 듯한 높이와 번뜩이는 부의 과시 그리고 최첨단 시스템 집적체가 되어 가는 초고층 아파트는, 지난 몇 해를 지나오고 바로 현재까지 주거 문화에서 가장 급격한 충격을 전해 주는 건축적 현상이라 할 수 있다.

이는 처음 아파트가 들어섰을 때 시민들에게 일어났을 문화적 충격을 되돌아보게 한다. 사실 처음 아파트가 들어서기 이전 일본을 통해 들어온 서구 문화와 그로 말미암은 새로운 건축물의 등장은 사람들에게 이미 '문화 충격culture shock'이었을 것이다. 일제강점기에 지어진 건물들은 직접적·간접적으로 우리의 근대 주거에 영향을 주었고, 경성京城을 활보하던 모던 보이와 모던 걸들은 당시 문화에 반향을 일으켰다.

1940년 한 신문에 실린 맨해튼의 사진은 아파트에서 내려다보는 센트럴 파크의 전경을 담았다. 아파트의 창문에서 나오는 불빛들을 꿈에 비유한 이 사진과 기사는 당시 서구 사회와 그 문화에 대한 막연한 동경을 엿볼 수 있는 한 대목이다.

하지만 아직 서구의 문화를 반영했다고 할 만한 건축물은 많지 않았다. 그 와중에 서구의 생활상을 단적으로 보여 주는 건축물로는 호텔을 들 수 있다. 서구 문명의 유입과 함께 한국에 방문하는 외국인 손님을 접대할 목적으로 지은 호텔은 단순히 물리적 외관뿐 아니라 내부의 모습과 그 쓰임도 새로운 서구 사회의 문화를 반영한 건축물이다.

해방 전 신문에 소개된 뉴욕 맨해튼의 초고층 빌딩군 사진.

1914년에 지어진 〈조선호텔〉은 획기적인 건축물이었다. 일본에 거주하던 독일 건축가 게오르게 데 랄란데George de Lalande가 설계한 호텔로 내부에 엘리베이터 시설을 갖추고 있었다.[1] 이는 한국에서 사용된 첫 번째 승강기인데, 당시에는 '수직 열차'라고 불렸다.

서구식 스타일이 본격적으로 소개되어 모든 것이 생소했던 〈조선호텔〉에는 당시 찾아보기 어려운 새로운 공간들이 즐비하였다. 북유럽 양식의 화려한 호텔 내부에는 루이 16세식의 웅장한 응접실, 레스토랑, 커피숍, 콘서트홀, 바, 그랜드볼룸, 귀빈 접대실, 당구장, 도서관 등 최첨단의 서구적 공간들이 갖춰져 새로운 라이프 스타일을 전파하게 된다. 그러나 외국인 손님을 대상으로 하여, 내국인은 감히 출입조차 할 수 없었다. 일반인에게는 바로 와 닿는 생활공간이기보다 모던 라이프의 진열장과 같은 곳이었다.

하나 흥미로운 사실은 우리나라 최초의 아파트로 불리는 〈종암아파트〉의 건설에 이곳의 매니저였던 정해직이 참여했다는 것이다. 52개의 객실에 설치된 침대와 화장실 공간 등의 주거 기능이 이곳에서 매니저로 근무한 뒤 중앙산업이 건축한 〈종암아파트〉등 여러 집합 주거 계획과 건설에 직접 참여한 정해직에 의해 아파트 유닛unit 계획에 직·간접적으로 영향을 미치지 않았을까 조심스럽게 짐작해 본다.

서구식으로 지어진 〈조선호텔〉 외부와 내부의 모습.

1950년 당시 〈반도호텔〉의 전경.

    그 후 1938년에 〈반도호텔〉이 8층으로 지어지면서 〈조선호텔〉의 높이를 훨씬 뛰어넘게 된다.[2] 해방 이전에 지어진 이들 초기 호텔에 뒤이어 1960년대 들어서 소위 '2세대 호텔'이라 할 수 있는 새로운 고층 호텔들이 본격적으로 들어서기 시작하였다. 11층 높이의 〈메트로호텔〉(1960, 건축가 김태식), 18층 높이의 〈타워호텔〉(1964, 구조설계 김창집), 24층 높이의 〈도큐호텔〉(1968~70, 건축가 김중업, 구조설계 정형) 등이 도심 내 곳곳에서 건축의 위용과 새로운 삶의 모습을 보여 주었다. 이처럼 호텔은 그 눈에 띄는 높이만큼 서구적 라이프 스타일을 소개하는 문화적 첨병 역할을 하였다.

    이러한 호텔들 가운데 초기의 〈조선호텔〉은 안타깝게도 주상복합 아파트인 〈세운상가〉가 준공되던 1967년에 헐리고 현재의 〈조선호텔〉로 새로 지어졌다. 도심의 본격적인 고층화가 시작되던 시점에 이 〈조선호텔〉도 더 높고 거대한 구조물[3]로 대체된 것이다.

아파트의 등장

국내에 아파트라는 유형이 등장하기 전에 그 용어가 먼저 알려졌다.

아파트라는 용어가 처음 등장한 시기는 정확히 알려진 바 없지만, 기존의 연구[4]에 의하면 국내에 아파트라는 말이 처음으로 등장한 것은 일제강점기 일본의 영향이었다. 1925년 일본에 의해 발간되던 잡지에 처음으로 '아파트먼트'에 대한 기사가 게재되었고, 1931년 《삼천리》라는 잡지에 경성의 여성 합숙소를 '아파-트'라고 소개하는 글이 나오면서 일반인을 대상으로 하는 글에 아파트에 대한 언급이 나오기 시작한다.

하지만 이 시기 아파트라는 용어는 어느 정도 인식되었으나, 그 유형과 쓰임은 상당히 달랐다. 가족의 생활을 영위하는 장소보다는 여관과 하숙 같이 일시적 숙박을 해결하는 장소로 인식되었다. 그러다 보니 주로 일본인이 지어 임대업에 사용하였고, 조선주택영단朝鮮住宅營團[5]에서는 거의 짓지 않았다.

또한 주로 목재로 건설되었고, 건축 당시의 개념이 일본의 전통적인 도시 주거 유형인 나가야長屋를 2~3개 포개어 건설한 수준이었기 때문에 '아파트'라는 용어만 등장하였을 뿐 그 유형이 도입된 시기라고는 보기 어렵다.[6]

1933년 잡지 《신동아》의 '모던어점고語點考'에 실린 아파트의 정의는 당시 아파트라 불리던 주거 형식의 특성을 잘 보여 준다.

> 아파-트먼트apartment 영어, 일종의 여관 혹은 하숙이다. 한 빌딩 안에 방을 여러 개 만들어 놓고 세를 놓는 집이니 역시 현대적 도시의 산물로 미국에서 가장 크게 발달되었다. 간혹 부부생활에도 아파트먼트 생활을 하는 이가 있지마는 대개는 독신 샐러리맨이 많다. 일본서는 생략하야 그냥 '아파-트'라고 쓴다.[7]

해방되고 곧이어 터진 한국전쟁으로 도시 서울은 큰 혼돈에 빠진다. 우선 기본적인 자료의 구축이 시급한 상태였고 정부는 주택 정책의 기본 자료를 구축하고자 1952년 '시세일람'을 만든다. 당시의 자료에도 아파트라는 주거 유형은 설정되어 있다. 하지만 아파트의 실질적인 개념과는 거리가 있는 용어적인 언급일 뿐이라는 의견이 지배적이다. 일제강점기부터 이어져 온 목조 건물이나 단순히 큰 주택에 여러 가구가 모여 사는 경우를 이야기하는 것이니, 지금 아파트의 개념과는 사뭇 달랐다.[8]

그 뒤 아파트라는 유형이 다시 등장한 때는 1956년 〈행촌아파트〉, 1958년 〈종암아파트〉, 〈개명아파트〉 등이 지어지고 난 뒤부터다. 〈행촌아파트〉는 유엔 사령관이 중심이 돼 설립한 '한미재단'에서 지은 시범 단지의 일부다. 2층 연립주택 11동 52가구, 단독주택 11가구와 함께 지어진 3층짜리 아파트 3개 동 48가구였다. 〈종암아파트〉는 우리 손으로 지은 최초의 아파트다. 건설은 민간업체인 중앙산업이 맡고, 이를 주택영단이 인수해 입주 희망자에게 분양·관리했다.

1960년대와 1970년대를 거치면서 이제 아파트라는 유형은 낯선 주거가 아닌 가장 보편적인 주거 유형으로 자리하게 된다. 단지의 형태를 갖춘 〈마포아파트〉, 고층 아파트인 〈힐탑아파트〉, 고층 아파트 단지인 〈여의도 시범아파트〉, 도심 여기저기 세워졌던 다양한 시민아파트 등 오랜 역사를 거치며 아파트는 서울의 대표적인 주거 유형이 되었다.

일상에 정착하다

〈종암아파트〉가 세워진 1958년만 해도 아파트는 굉장히 생소한 주거 유형이었다. 아파트가 일상적인 주거 유형으로 그리고 일상적인 용어로 받아들여지기까지는 상당한 시간이 필요하였다. 〈종암아파트〉가 성북구 종암동 언덕 위에 처음 세워졌을 때는 2층으로 된 집도 흔하지 않았던 터라 4층으로 된 아파트를 보는 시선에는, 어떻게 사람이 층층이 겹쳐 살 수 있는지에 대한 의아함이 묻어 있었다. '아궁이가 매 층마다 있다는 사실과 그 높은 곳에서 어떻게 잠을 이룰지 궁금해 했던 것'9이다. 〈종암아파트〉 이후 최초의 대단위 아파트로 1962년에 완공된 〈마포아파트〉10가 세워졌을 때도 역시 '5층 아파트임에도 불구하고 층고層高가 높아 전체 높이가 요즘 짓는 7층 정도의 높이였던 아파트를 올려다보며 저렇게 높은 곳에서 무서워서 어떻게 잠을 자나 하며 수군거렸다.'11 아래에 실린 신문 만평이 그린 대로 사람들은 높은 곳에서 사는 것을 두려워하였다. 〈마포아파트〉가 1962년에 완공되었을 때는 입주자가 없어 전체 세대의 십분의 일 정도만 입주했다는 사실은 그 당시 사람들이 아파트에 대해 가졌던 심리를 보여 준 방증이기도 하다.

"저렇게 높은 곳에서 무서워 어떻게 잠을 자나." 높은 곳 살기를 그린 신문 만평.

잡지에 실린 중앙산업의 광고.

지금의 중장년층에게는 그때의 기억이 남아 있다. 처음 아파트가 들어섰을 때 그들은 새로움과 혼란스러움을 동시에 느꼈을 것이다. 그들의 기억 속 아파트를 잠시 꺼내 보았다.

"······ 그 후 몇 년이 지나고 오 층짜리 여덟 동 아파트 단지에 이사를 오고선 그 웅장함과 높이에 눈이 팽글 돌아 푹 주저앉아 버렸던 기억이 남는다."12

> "…… 5층 계단을 오르내리며 마냥 신기해 했던 기억이 새록새록 하다. 방바닥 밑에 또 다른 집이 있다는 사실과 공중에 떠 있는 듯한 묘한 느낌을 받았던 어릴 적 기억이 지금도 남아 있다."[13]

낯선 규모와 높이는 보는 이들과 그곳에 사는 이들을 압도했다. 그 익숙지 않은 느낌이 그들에겐 남아 있다.

초기의 아파트는 그 외관에서뿐만 아니라 실제 생활에서도 여전히 낯설고 불편한 곳이었다. 당시에는 아파트에서 연탄을 사용하였다. 연탄을 쌓아 놓는 작은 공간은 물론 아궁이가 있었다. 그래서인지 빈집에는 연탄가스가 제대로 통풍이 되지 않아 늘 가스 중독의 위험이 있었다. 게다가 추운 겨울에는 배관의 동파 탓에 거주자가 불편해 하곤 했다.

당시 아파트가 신문에서 다루어질 때마다 으레 다루어졌던 표현은 '성냥갑'과 '벌집'이었다.[14] 사람들에게는 그렇게 빽빽하게 쌓아 놓은 상자 같은 집에서 살아가는 모습이 익숙해지기 어려운 풍경이었을 것이다.

하지만 이처럼 생소하던 아파트에서 거주하는 것에 대한 인식이 그 이후 이듬해부터 서서히 바뀌기 시작하였다. 같은 단지 안에 1964년 완공된 〈2차 마포아파트〉에서 아파트 거주에 대한 일반인의 생각이 완전히 바뀌었다는 점은 매우 흥미롭다. 그 후 대부분의 시민이 아파트를 그들과 가장 가깝고 편리한 주거 형태로 받아들이게 된 데에는 1960년대 말 그리고 1970년대 초에 대량으로 건설된 중산층 아파트에서 많은 영향을 받았기 때문이기도 하다. 이 중에는 잘 알려진 〈동부이촌동 한강아파트 단지〉(1966~71), 〈여의도 시범아파트〉(1971) 같은 아파트들

12층의 고층 아파트 단지로 조성된 〈여의도 시범아파트〉.

〈반포아파트〉 추첨에 몰려든 시민들(서울특별시사편찬위원회, 《서울육백년사》 시대사편, 선사시대~1979, CD-ROM, 서울시, 1998에서 인용).

이 있다.

"…… 그 당시 아파트에 살았던 기억은 주변 고급 주택과 길 근처의 판자촌으로 대변되는 소득 차에 의한 주거 형태가 그 시절엔 대세였던 듯하고, 지금 생각해서도 아파트에 산다는 건 바로 앞에 보이는 고급 단독주택들 다음으로 괜찮은 주거였다고 생각이 된다."[15]

"…… 그러니까 1970년대 후반엔 아파트에 산다고 하면 대부분

아파트 거주자는 상당한 부유층이었기 때문에 부에 대한 부러움과 그들이 누리고 있는 서구 문물에 대한 동경 같은 것들이 아파트에 대한 환상을 불러 일으켰었다."[16]

"…… 이 같은 초기의 냉담한 반응은 초기 유학파 젊은 층들이 아파트에 들어가 살기 시작하면서 조금씩 국민들의 관심을 이끌어 냈고, 시간이 지날수록 아파트 거주의 편리성, 조망 등의 장점들이 대중에게 인식되면서 그 수요가 폭발적으로 증가한 것으로 생각된다."[17]

기술이 발전하여 아파트 생활이 편리해지고 중산층이 아파트에 살기 시작하면서 그 인식은 변하기 시작한다. 〈마포아파트〉의 건설을 그 시작으로 본다면, 대략 5년여의 시간이 걸린 것이다. 이제는 5층의 건물의 높이도 무서워하던 시대가 언제였나 싶다. 오늘날 아파트는 높을수록 인기가 많다. 초고층 아파트는 부의 상징이자 최고의 조망을 확보해 줄 수 있는 도시 생활의 이상향이 되었다. 50여 년의 시간 동안 아파트는 우리에게 너무나도 익숙해진 일상의 주거 공간이 되었다.

02 아파트 생활의 변화

아파트가 한국의 전통 주택과 다른 점이 있다면 모든 실室들이 내부로 들어와 압축되어 있다는 것이다. 아파트 건설 시 이 단위 평면은 몇 가지 유형을 가지며 대체로 같은 유형이 위아래로 적층積層된다. 아파트 건설의 효율성을 높이고 대량생산을 가능하게 하는 데에는 단위 평면의 계획이 중요하다. 초창기 아파트가 도입되면서 우선시되었던 것은 단위 평면을 구성하는 것과 인간의 생활에 필요한 공간을 최소한으로 제공해 주는 기준을 마련하는 일이었다.

주거의 건설을 활성화하는 효율적 지침서의 역할을 하고자 단위 평면이 개발되었다. 더불어 최소한의 공간에 대한 논의도 계속되었다. 최소의 면적과 그에 따른 실室의 크기, 거주인의 수에 따른 크기의 변화 등 경제적 공간에 대한 논의가 이루어졌다.

단위 평면을 계획하려면, 거주인의 라이프 스타일을 고려하고 기술적인 발전이 뒷받침되어야 했다. 서구적인 모델을 시도하면서도 전통적으로 사람들에게 익숙하던 삶의 방식을 무시할 수는 없는 일이었다. 또한 난방 방식으로 온돌이 지배적이던 당시의 상황에서 입식 생활로의 개선을 위해서는 반드시 난방 방식의 발전이 함께 이루어져야 했다.

아파트 최소화 공간에 대한 기준 연구(대한주택공사 주택연구소, 1971).

서구적 모델인 아파트가 정착되었다고 하는 1970년대까지는 서구적 생활양식과 전통적 생활양식 사이의 갈등이 있었다. 그리고 그러한 혼란과 변화들을 초기의 아파트에서 발견할 수 있다.

연료의 변화와 식당의 등장

아파트는 부엌 생활이 좌식 생활에서 입식 생활이 되는 데 기폭제가 되었다. 전통 주택에서 음식을 만드는 공간과 식사를 하는 공간은 분리되어 있었다. 부엌에서 음식을 만들고 거실이나 방에 밥상을 편 후 식사를 하는 것이 전통적인 식생활이었다. 그렇다고 부엌이란 곳이 취사의 역할만 하였던 것은 아니다. 한국 전통 주택에서의 부엌이라는 공간의 역할은 다양했다. 우선 난방의 역할을 담당하던 곳이 바로 부엌이다. 장작을 패서 아궁이에 때면 그 열이 바닥으로 전달되는 온돌 방식이어서, 부엌은 음식을 만드는 취사와 난방의 역할을 동시에 해야 했다. 물을 데워서 목욕하는 곳이기도 했거니와 며느리와 하녀들이 함께 밥 먹는 공간이기도 했다.[18]

일제강점기, 서구의 문물을 접하면서 화장실, 욕실과 마찬가지로 부엌 공간의 개량에 대한 목소리들이 높았다. 당시 생활의 개선을 주장하는 이들은 주로 지식인들이었는데, 서구 주택은 편리하며 위생적이고 합리적인 공간 배치가 장점인 데 반해서, 한옥은 어둡고 통풍도 잘 안 되는 불편하고 비위생적인 공간으로 인식되었다. 부엌 역시 마찬가지로 '부엌에 가까이 식당을 만들자.', '내방에 가까이 부엌을 만들자.', '천장을 높여서 공기를 들이자.'라는 주장이 생겨났다.[19] 그러나 서구적 생활로의 개선에는 일반인의 인식 변화와 기술 발달이 동시에 따라 줘야 했다. 여전히 주택에서 부엌은 구석진 곳이나 외부에 자리해 부엌의 주 사용자인 주부의 동선은 길 수 밖에 없었다.

해방 이후인 1950~60년대에도 여전히 능률적인 부엌에 대한 주장들이 있었다. 위생·편리·능률이 강조된 당시에 재래 부엌은 비위생적이고 각 방과의 연결이 불편하여 부엌에 있는 동안 손님이나 아이를 돌볼 수 없다고 비판 받았다. 또한 아파트의 최소 공간에 대한 연구와 함께 부엌에서의 동선을 최소화하여 경제적인 평면을 계획하려는 연구도 있었다.

그러면서 주된 연료는 나무에서 연탄으로 바뀌어 갔다. 장작을 이용하여 불을 때고 방을 데우는 아궁이는 연탄[20]으로 그 연료가 바뀌었지만, 아궁이를 이용하는 방식에는 여전히 기술적인 한계가 있었다. 연탄을 태워 방의 바닥을 데우려면 부엌 바닥이 다른 실室의 바닥보다 낮아야 했고, 침실과 가까이 있을 수밖에 없었다. 난방의 한계로 거실이나 욕실은 난방이 되지 않기도 했다.[21] 1962년 〈마포아파트〉는 연탄을 이용하여 데워진 온수를 바닥으로 공급하는 연탄보일러를 난방 방식으로 사용하였다. 남벌濫伐로 인해 심각하게 황폐해져 가는 산림을 보호하고자 연탄을 장려했던 국가의 정책과 맞물려 연탄은 1970년대까지 최고의 연료로 애용되었다. "해마다 서울 백만 가정의 겨울을 지킵니다."라는 연탄 광고의 카피처럼 연탄은 서민 생활을 지켜

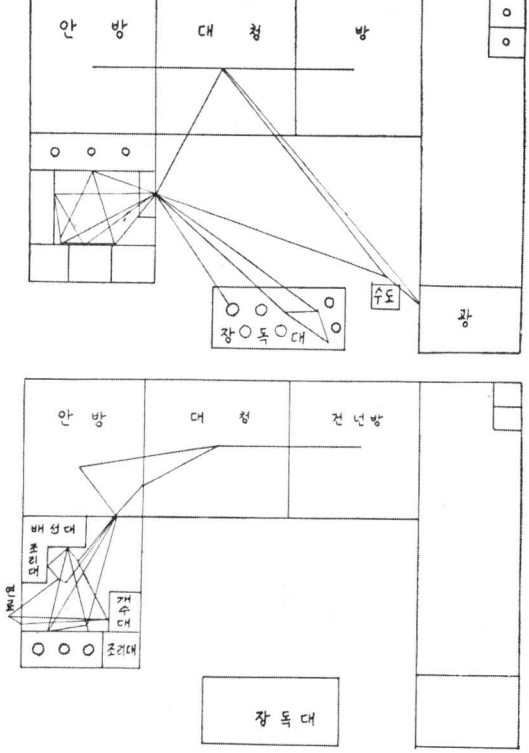

부엌의 동선 연구. 재래식 부엌의 동선(위)은 개량 부엌(아래)에 비해 매우 길고 복잡하다.

아파트 생활의 변화

주는 불이었다.²² 〈마포아파트〉는 보일러 방식이기는 했지만, 여전히 부엌은 폐쇄적인 공간으로 거실이랑 분리된 전통적 구성 방식에서 크게 벗어나지는 않았다.

본격적인 입식 생활은 1970년대부터 아파트가 활성화되면서 시작된다. 중앙집중식 난방이 일반화되고 급배수가 한데 모인 싱크대가 설치되며 프로판가스를 이용한 가스레인지를 사용하게 된다. 중산층이 아파트에 살기 시작하면서 중산층용 아파트를 시작으로 입식 부엌이 설치되었다. 전용 면적이 커지면서 부엌 공간 이외에 여유 공간이 생겨 식탁을 들여 놓을 수 있는 식당이 들어서게 된 것이다. 이 당시부터 '주방'이라는 단어를 사용하기 시작한다. 부엌이라는 단어가 구식의 이미지를 담고 있다 하여 현대적인 이미지의 주방이라는 말을 주로 사용하게 된다.²³

아파트가 주된 주거 유형이 되면서 다른 주택에서도 모든 주거 공간이 한 평면으로 들어오기 시작한다. 부엌, 화장실, 욕실이 실내로

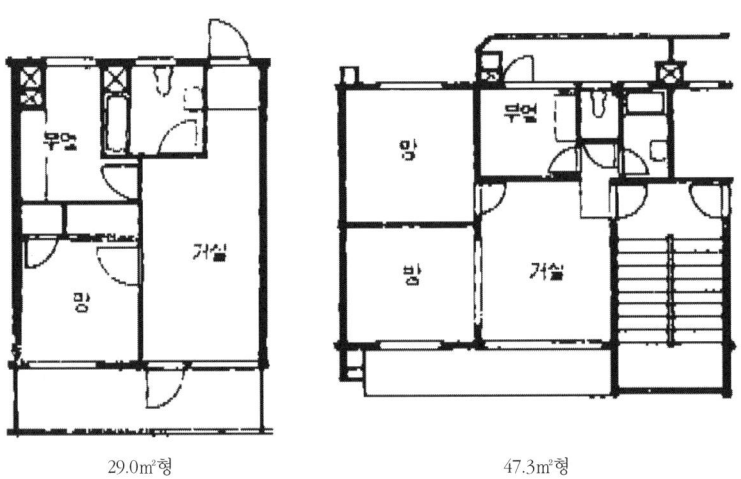

〈마포아파트〉는 연탄보일러를 채용했지만, 부엌은 여전히 거실과 분리되었다.

29.0㎡형   47.3㎡형

들어오고, 주거 생활은 서구적 모델에 더욱 가까워지게 된다.

집 안으로 들어온 욕실과 변소

현대 사회에서 개개인의 주거에 대한 욕구가 커질수록 욕실, 화장실이라고 하는 공간은 단순히 생리 현상을 해결하고 몸을 씻는 위생의 개념을 넘어 미용의 공간, 휴식의 공간으로까지 여겨지고 있다. 주택 안의 기능적 실室의 개념을 넘어 사회의 문화를 반영하는 공간이 바로 화장실이다. 보통 아파트의 욕실 혹은 화장실이라고 하면 욕조·세면대·변기가 하나의 실室에 들어가 있는 형태를 생각할 것이다. 하지만 초기 아파트는 이러한 형태의 화장실을 계획하지 않았다. 서구 주택의 일반적인 형태였던 배스 유닛bath unit 형이라고 하는 이 형태도 시간이 흐르며 조금씩 받아들이며 변해온 결과물이다. 한국의 정서와는 다른 서구의 배스 유닛 형이 정착된 데에는 아파트라는 주거 형태가 정착한 배경과 무관하지는 않을 것이다. 아파트가 본격적으로 유입되기 이전에도 화장실, 욕실 공간에 대한 변화는 진행되고 있었다. 신新문화의 유입과 생활 개선에 대한 욕구는 주택 공간을 변화시켰다.

전통적인 주택에서는 욕조와 변기는 엄격히 구분되어 있었고, 지금처럼 실내에 있지도 않았다. 변소는 외부에 독립적으로 존재하고 있었고, 목욕은 주로 물을 끓일 수 있는 부엌 공간을 이용하였다. 우리네 전통 주택에서 집이라는 것은 외부의 공간과 같이 어울려 있기에 그 동선이 내부로만 이어진 것은 없다. 변소를 가려 해도 바깥을 거쳐 가야 하고, 부엌 공간을 가려 해도 그 동선은 외부를 거쳐야 했다. 이러한 형식에 변화가 인 것은 새로운 문화들이 유입되고나서부터다.

주택 외부에 있던 변소가 주택 내부에 들어오기 시작한 때는 개량 주택, 문화 주택이 지어지던 1930년경이다. 식당, 욕실, 변소 등의 시설이 이때부터 본격적으로 내부에 계획되게 된다. 변화된 생활을 가장 먼저 흡수했던 상류 계층의 개량 주택에는 변소와 목욕 공간이 내부로 들어와 있었다. 그러나 아직 대중화하기에는 한계가 있었다. 당시만 해도 대부분의 계층은 일본식·서양식의 모방 형태라 불리던 문화 주택을 꺼렸고, 새로운 시설을 갖추어야 했기에 경제적 재력도 만만치 않았던 것이다.[24] 이후 1941년 조선주택영단이 주택난 해결을 위해 건설한 영단 주택의 변소와 욕실은 주택 내에 계획되었다. 그러나 일반인에게는 실내에 변소가 있다는 것이 영 불편했던 모양이다. 일본 관리나 직원을 위한 유형에는 실내에 존재하지만, 주로 서민이나 근로자가 입주한 유형에는 전실傳室을 두었다. 그러나 이것도 사람들이 적응하지 못해 본채에서 분리하거나 외부에서 출입하도록 개조하는 일이 허다하였다. 이렇게 변소가 본채에 붙어 있다 해도 현관을 통해 밖으로 나가야 하는 유형은 전후의 재건 주택에서도 계속된다.

몸을 씻는 욕조야 실내로 들일 수 있다 해도 재래식 변소를 이용하던 사람들에게 변소를 안으로 들인다든지, 욕조와 한 공간에 변기를 둔다는 것은 썩 내키지 않는 일이었다. 당시만 해도 변기는 현재와 같이 물로 씻어 내리는 수세식 변기가 아닌 퍼다 나르는 수거식, 혹은 반半 수세식[25] 변기였다. 서양식 건물이 출현하고 공공기관, 호텔 등이 건설되면서 이미 수세식 변기의 보급이 시작되었지만,[26] 아직 주택에까지 확대되지는 않았다.

1962년 대한주택공사가 지은 〈마포아파트〉에서 수세식 변기가 사용되었다. 당시의 수세식 변기는 현재와 같이 의자 형태 같은 서양식 대변기(양변기)가 일반적인 것은 아니었다. 대부분 가구에 일본에서 수입[27]된 쪼그려 앉는 동양식 대변기(화변기)가 설치되었고, 일부

주택의 변화　　　　　　욕실의 변화

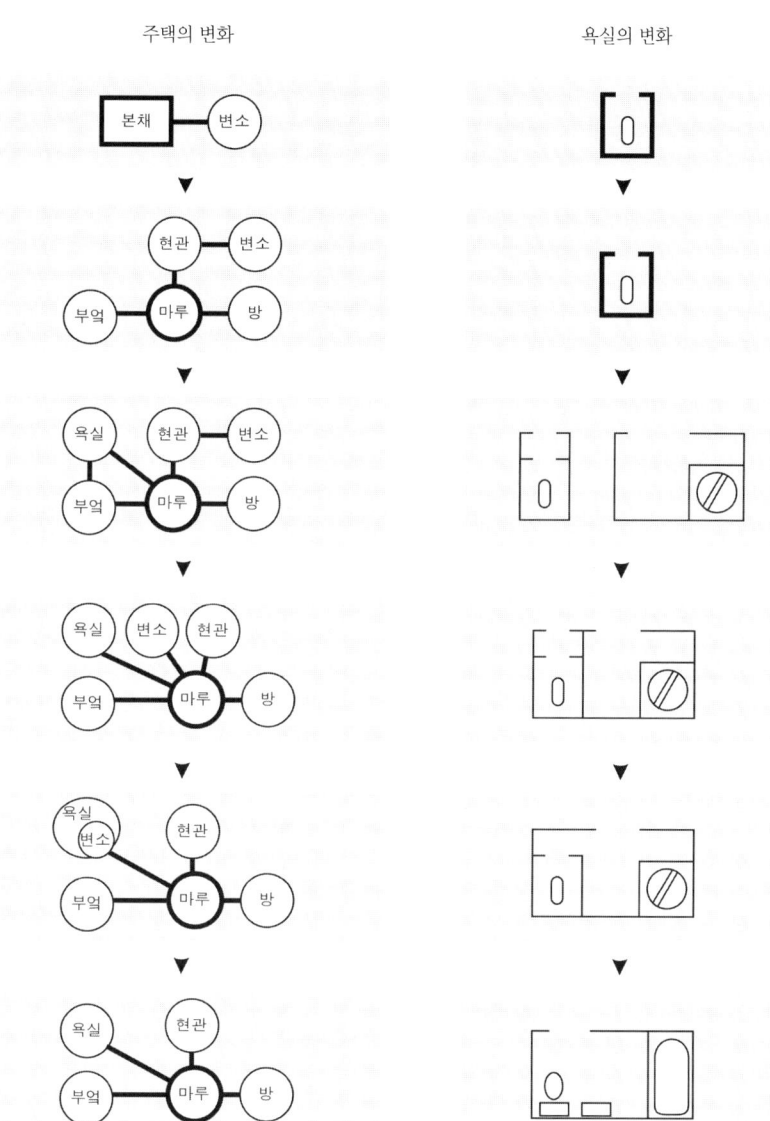

개화기 이후 각 주택 유형에서의 화장실·욕실의 변천(출처: 서동연, 〈주택의 욕실 계획에 관한 연구〉, 고려대학교 석사학위논문, 1990).

가구에만 시험용으로 서양식 대변기를 설치하여 문제점을 검토하기도 하였다. 아직 물을 내리는 수세식에 익숙하지 않았던 입주자들은 처음 이 변기가 설치되자 사용법을 몰라 애를 먹었다. 수거식 변기에 익숙해 있던 사람들은 용변을 보고도 물을 내리지 않고 그냥 나오는 경우도 많았고, 변기 내에 고형물을 버려 고장을 일으키는 경우마저 빈번하였다고 한다.[28] 또한 욕실과 화장실이 통합된 유형이 보이기 시작한 것도 이때이다. 당시 47.3제곱미터에는 변기가 세면대, 욕조와 분리되어 있었으나, 29제곱미터 같은 소형 평면에는 변기, 세면대, 욕조가 모두 한 공간에 집중되어 있었다.[29]

하지만 1960년대만 해도 아파트 가구별로 수세식 변기를 설치하는 것이 일반적이지 않았다. 1964년 지어진 중정형中庭形 〈이화아파트〉의 경우 화장실은 각 층의 세대가 공동으로 사용하게 되어 있다. 1960년대 초반만 하더라도 소형 아파트 복도 같은 공용 공간에 화장실을 두어 각 세대가 공동으로 사용하는 경우가 잦았다. 당시 불량 주택을 개선하려고 동대문, 홍제동, 돈암동에 지어진 소규모 아파트 중에는 아직까지 반 수세식으로 계획[30]된 것들이 많았던 점으로 보아 수세식 화장실이 일반화되기에는 경제적 부담이 컸던 것으로 보인다.

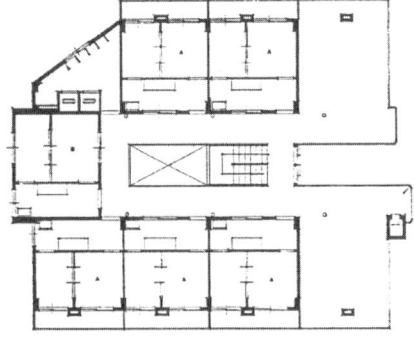

최초의 단일 건물 중정형 아파트인 〈이화아파트〉의 평면. 1964년 지어진 이 건물의 화장실은 공동으로 사용하게 되어 있다. 1960년대 초반 소형 아파트에서는 이런 공동의 화장실을 흔히 볼 수 있다.

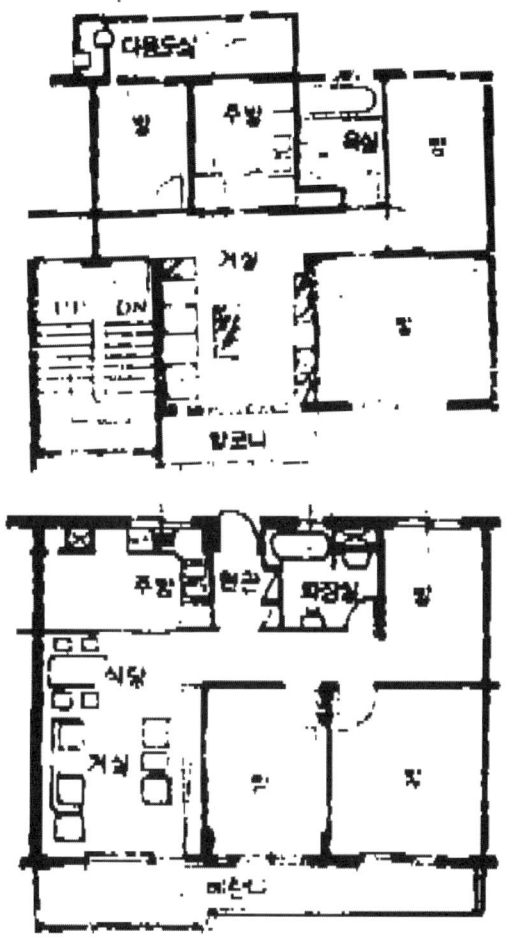

〈반포아파트〉 22평형의 평면과 〈잠실 주공아파트〉 34-23B형의 평면.
이 시기부터 아파트 평면에서 욕실과 화장실이 통합된 배스 유닛bath unit 형이 일반화하기 시작한다.

아파트에 전부 다 서양식 대변기를 설치하기 전만 해도 중앙집중식 난방 아파트에는 서양식 대변기를, 연탄보일러나 연탄아궁이 아파트에서는 동양식 대변기로 구분하여 설치하는 것이 일반적이었다.[31] 1976년부터 주택공사가 짓는 아파트는 전부 서양식 대변기로 전환되면서 한국의 아파트에 서양식 대변기가 정착하게 된다. 그리고 이 시

아파트 생활의 변화 45

기부터는 욕실과 화장실이 통합된 공간이 아파트 욕실로 일반화되기 시작하고, 1980년대와 1990년대를 지나면서 배스 유닛 형을 기반으로 한 다양한 평면이 계획되었다.

03 전후 복구 주거에서 대량생산으로

아파트를 생각하면 우리에게 가장 먼저 다가오는 모습은 무엇일까? 비슷한 형상의 모습들이 함께 들어서 있는 단지의 모습일 것이다. 아파트가 이러한 단지의 모습을 띠게 된 것은 아파트가 '대량생산'의 산물인 영향이 클 터이다. 그 시작은 도시의 주택난을 해결하기 위해서였다. 주택의 대량생산에 대한 중요한 두 가지 흐름은 전후 복구 사업과 건설제일주의의 시민아파트였다.

주택난의 해법
아파트가 본격적으로 도입되기 이전 단지형 주거지가 등장한 것은 주택영단의 영향이 컸다. 주택영단이란 지금의 대한주택공사의 모태다.

'조선주택영단'이라는 이름으로 처음 설립된 이 공공기관은 1941년 조선총독부가 부족한 주택 문제를 해결하기 위해 주택 공급에 대한 본격적인 대책으로 마련했다. 한국 최초로 세워진 주택 건설을 전담하는 공공기관이다. 당시 주택 문제를 해결하는 방안으로 영단은 여러 가지 유형의 표준 설계를 만들었다. 갑·을·병·정·무의 다섯 종류는 여러 계층을 고려한 다섯 가지 평형을 보여 주었다. 이러한 표준화 작업은 공영 주택 단지를 계획하는 데 있어서 효율적인 방법으로 여겨졌던 것이다.

해방 이후 많은 사람이 서울로 몰려들면서 주택난은 더욱 심각해졌고, 1950년 전쟁의 발발은 이 상황을 더 악화시켰다. 주택 문제는 더욱 심해질 수밖에 없었다. 해방 후 조선 대신 대한이라는 말로 그 이름이 바뀐 대한주택영단과 같은 공공단체, 한국산업은행과 같은 금융기관, 서울시 심지어 구호 단체 등에서도 주택을 지어 공급할 수밖에 없었다. 자금 부족으로 주택의 대부분을 국제연합한국재건단UNKRA의 원조를 받아 지어야 할 정도였다. 이러한 주택은 그 형태, 자금 출처, 목적에 따라 다양한 이름으로 불렸다. 재건再建 주택, 희망希望 주택, 부흥復興 주택[32]이라 불리던 그 이름에서도 당시의 주택의 건설이 무엇을 위함이었는지를 엿볼 수 있다.

오래된 말로 먹고살기에 바빴다고 회자되는 그 시기는 질적으로 좋은 주택을 공급하는 것보다는 양적 해결이 우선이었다. 이러한 공영 주택의 주요 재료는 흙벽돌이었고, 나머지는 원조 물품이었다. 흙벽돌집은 1960년 이전까지 3000여 호 건설되며 주택 건설을 주도하였고, 시멘트의 생산이 본격화되면서 사라지게 된다. 이후 공영 주택은 '국민주택'이라는 이름으로 자리 잡으면서 임시방편식의 주택 보급을 지양하고 지속적인 주택을 건설하게 된다.

한편으로는 기술적 발전과 함께 좀 더 고층화한 주택의 형태인 아파트들이 개발되었고, 단일형의 아파트를 통한 기술적 시도와 주거단지 계획에 대한 시도들은 계속 이어졌다. 아파트라는 주택 형식이 본격적으로 소개된 〈종암아파트〉와 〈개명아파트〉, 최초의 단지형인 〈마포아파트〉. 이러한 흐름은 아파트가 단독주택보다 상당한 토지를 절약할 수 있음을 보여 줬고, 주택 건설의 고층화 가능성을 보여 주었다. 1962년 도시계획법, 1966년 토지구획정리사업법 등이 제정되고, 근린주구近隣住區 이론과 생활권 구성 이념이 주택 개발지에 적용되면서 대규모 주거단지가 나타나게 된다.

> 어제까지 우리나라 의식주 생활은 너무나도 비경제적이고 비합리적인 면이 많았음은 세인이 주지하는 바입니다. 여기에서 생활 혁명이 절실히 요청되는 소이가 있으며 현대적 시설을 완전히 갖춘 〈마포아파트〉의 준공은 이러한 생활 혁명을 가져오는 한 계기가 …… (중략) …… 즉 우리나라 구래의 고식적이고 봉건적인 생활양식에서 탈피하여 현대적인 첨단 공동 생활양식을 취함으로써 경제적인 면으로나 시간적인 면으로 다대한 절감을 가져와 …… (중략) …… 더욱이 인구의 과도한 도시 집중화는 주택난과 더불어 택지 가격의 앙등을 초래하는 것이 오늘의 필연적인 추세인 만큼 이의 해결을 위해선 앞으로 공간을 이용하는 이러한 고층 아파트 주택의 건립이 절대적으로 요청되는 바입니다. 이러한 시대적 요청에 각광을 받고 건립된 본 아파트가 장차 입주자들의 낙원을 이룸으로써 혁명 한국의 한 상징이 되기를 빌어 마지않으며 (후략) ……
>
> ─ 박정희 국가재건최고회의 의장, '〈마포아파트〉 준공식 치사'에서

이러한 대량 공급을 가능하게 하는 아파트의 도입과 단지화와 함께 우리나라에서 대표적인 대량생산의 산물로 기억되는 것은 시민아파트다. 1990년대 들어 재건축·재개발이 활발해지면서 도시에서 가장 먼저 자취를 감춘 것이 이 시민아파트다. 미관을 이유로, 안전을 이유로 그 아파트들 대부분은 철거되었다. 당시 이러한 단지들이 대량으로 건설된 데에는 불량 지구를 재개발하고 서민의 주택 문제를 해결하고자 했던 서울시의 의지가 컸다. 당시 서울시장 김현옥은 서울의 주택 문제를 완전히 해결하겠다는 의지를 반영해 서울 이곳저곳에, 특히 눈에 띄는 산자락 언덕에 시민아파트를 건립하기 시작했다. 그러나 대량 공급이 너무나 중시되었던 이 계획은 문제가 많았고, 곧 그것은 여기저기서 문제들을 드러내게 된다. 고정된 아파트의 타입을 지형이나 지질, 주변 여건, 구조적인 해결에 대한 충분한 검토도 없이 공사를 강행했기 때문이다.

전후의 주택 문제를 해결하기 위한 재건 주택, 희망 주택, 부흥 주택, 국민 주택은 공공단체와 정부가 대량으로 주택을 공급한 효시였고, 이후 아파트 단지의 활성화와 시민아파트의 공급이 대량생산된 아파트의 모습을 보여 주었다. 그리고 우리의 기억 속에 대부분 남아 있는 아파트들도 이러한 모습일 것이다.

그러나 이 당시 지어진 단지식 아파트를 제외하고 1960년대 아파트는 대체로 필지를 단위로 한 개 또는 두 개 동으로 건설되었다. 공공에 의한 주택의 공급과 건설의 활성화는 민간에 의한 주택 건설을 촉진했다. 또한 철근 콘크리트의 사용과 적층을 가능하게 하는 건설 기술의 발전으로 민간의 기술에 의해서도 아파트를 짓는 것은 가능해졌다. 공영 주택이 대규모의 필지를 대상으로 지어졌다면, 민간에 의해 지어진 주택은 한두 필지의 땅을 통해 대부분 지어졌다. 이것은 단일형의 아파트를 보여 주었고, 그 필지의 형태에 따라 다양한 아파트의 형태를 보여 준다. 이들 개별 개발 방식의 아파트들은 도시의 이곳저곳에서 아직 산재해 있으며 나름대로 사회적·공간적·문화적 가치를 들춰내지 못하고 감추어진 채로 남아 있다.

다양한 개발 주체

아파트가 우리의 삶 속에 들어와 자리 잡게 된 반세기의 긴 세월 동안 무수히 많은 아파트가 지어졌으며 또 허물어졌다. 이러한 축조와 파괴 그리고 새로운 건축의 역사 속에서 주목되는 아파트 유형에도 변화가 있다. 소수의 다양한 아파트의 유형들은 주류를 이루는 제한적인 타입의 아파트와 함께 출현하였다가 점차 사라졌다. 하지만 건설 초기에는 아파트의 다양한 유형들이 출현한 만큼 아파트를 출현시킨 주체도 다양하였다.

  1958년 완공된 〈종암아파트〉를 시작으로 현재의 브랜드 아파트까지 많은 단계를 거치면서 우리는 아파트라는 주거 유형을 받아들이기 시작했다. 그리고 아파트라는 주거 형태가 우리의 삶 속에 없어서는 안 되는 가장 큰 비중을 갖는 주거 유형이 되어 버렸다. 일반적으로 대부분의 아파트들은 대한주택공사와 주요 건설사들이 주로 만들어 왔다고 알려졌고, 믿어 왔다. 하지만 초기의 아파트는 다양한 민간 주체에 의해 계획되고 지어졌다. 1960~70년대 당시 개발의 주체는 크게 대한주택공사와 지방자치단체 그리고 민간으로 구분할 수 있다. 사업 주체에 따른 집합 주거 건설 비율은 대한주택공사가 9퍼센트, 지자체가 24퍼센트, 민간 67퍼센트다. 주로 개인과 회사에 의해 집합 주거

가 건설되었음을 알 수 있다.³³

긴 시간 동안 나타났던 집합 주거 중에서 1960~70년대에 나타났던 집합 주거는 그 전후와 다른 이 시대만이 가질 수 있었던 특징을 지닌다. 이것은 다른 시대와는 상이하게 개발의 주체에 의해 나타나는 집합 주거에서 여러 가지 다양성을 보여 주기 때문이다. 이러한 다양성은 이 시대를 제외하고는 찾아보기 어렵다. 특히, 이러한 모습은 강북에서 많이 나타나는데, 이는 강남에 비해 소규모 아파트의 개발이 많이 이루어졌기 때문일 것이다. 그리고 민간이 주체가 되어 개발되었다는 것도 이러한 다양성을 나타낼 수 있는 하나의 요인이 되었다. 이 당시 소규모 아파트의 개발과 땅을 이용하는 과정에서 여러 가지 다양한 모습의 건물들이 만들어졌다. 그래서인지 이러한 소규모 아파트들은 대부분 기존의 도시 공간과 함께 어우러지면서 단지를 구성하고 있는 것을 볼 수 있다. 그리고 이러한 아파트들의 대부분은 주변의 이웃과 커뮤니티 시설을 함께 쓰고 있거나 커뮤니티 시설이 따로 필요하지 않을 만큼 규모가 작다는 것 또한 알 수 있다.

1950년대 후반이 되면서 도시 저소득층의 주택 문제라는 양상으로 주택 문제가 사회적 관심의 대상이 되었다.³⁴ 그리고 국가적인 경제개발과 더불어 서울로의 도시 집중화 현상³⁵이 심화하고 주로 한강변을 따라 아파트 단지들이 조성되기 시작했다. 이렇게 시작된 아파트의 건설은 우리 도시 문화의 중요한 부분이 되었다. 그래서 아파트가 단순한 주거 공간의 확보나 주택 공급의 사회·경제적 결과로서가 아니라 이제부터는 그곳에서 사는 사람들의 생활 세계, 즉 시간과 공간을 따라 끊임없이 사람들에 의해 생성되는 역동적인 공간으로 새롭게 읽혀야 한다.³⁶

급속도로 늘어나는 인구에 대비해 도시 개발이 이루어지면서 도시 공간 속에서의 모여 살기는 예기치 못한 새로운 모여 살기를 발견할 수 있다. 특히, 이러한 모여 살기가 잘 나타나는 집합 주거는 앞에서 계속 언급해 왔던 민간에 의해 개발된 집합 주거에서 더욱더 잘 나타난다. 이는 전통적인 모습의 마을이 변형된 형태로 볼 수 있을 것이다. 특히, 김봉렬이 마을에 관해 비교적 소상히 적은 일부를 볼 때, "작은 지리적 경계 안에 있는 동네들만이 한 마을을 이루게 되고, 두레 공동체의 적정 규모는 40~70호 정도이다."[37] 이는 1960~70년대 민간이 지은 아파트의 규모를 보면, 앞서 말한 마을 개념과 통함을 알 수 있다. 본문에서 언급하는 아파트들의 규모는 대부분 40~100호 사이다. 그리고 그 대부분은 마을의 자연스러운 입지 선택과 매우 비슷한 점을 찾을 수 있는데, 즉 배산임수背山臨水의 지형이었다. 이러한 것들을 볼 때 과거의 전통 마을이 아파트라는 새로운 주거 형식에 맞춰 그 속으로 들어와 있었음을 알 수 있다. 최근에는 아파트 단지가 너무나도 거대해져서 이러한 의미를 찾아보기는 어렵다.

1960~70년대에 나타난 아파트가 보여 주는 주요한 특징 가운데 하나는 규모 면에서 매우 작다는 점이다. 소규모의 아파트는 주변 도시와의 대응이 매우 용이하며, 그로 인해 주변과 자연스레 어우러져 존재할 수 있다. 이로써 소규모였던 당시 아파트들은 주변과 이웃에 훌륭하게 대응하는 모습으로 남을 수 있었던 것이다. 규모가 작은 만큼 아파트를 그 동네의 상황에 맞춘 설계와 시공이 가능했고, 그 덕분에 주민들의 커뮤니티가 쉽게 형성될 수 있었으며, 주민들은 그 안에서 마치 하나의 마을처럼 모여 살 수 있었던 것이다. 또한 다양한 행동들이 일어나는, 즉 공간과 삶이 일체화한 가운데 건물을 들여다볼 수 있

다. 현재의 아파트 외의 다세대, 다가구 주택과 같은 천편일률적인 주거 유형이 아니라 도시 속의 다양한 크기와 모양의 집합 주거로 생명력 있게 자리 잡았던 소규모 아파트가 도시 공간을 알차게 했다는 점은 다시 우리에게 집합 주거를 되돌아보게 한다.

II

도시 속 아파트, 다양한 유형

01 도시 속 아파트의 유형

힐버자이머의 고층 도시

도시화와 산업화에 따라 대량의 주거가 필요한 상황이 유럽의 도시와는 같지 않지만, 도시와 주거 특히 도시와 집합 주거의 관계가 불가분의 관계임은 서울에서도 매우 절대적인 사실이다.[1] 주거의 모습은 도시의 모습을 이루는 데 있어서 중요한 부분을 차지하는 동시에, 크게 보면 도시와 주거는 도시의 구조, 도시 문화 및 커뮤니티의 형성 등에 깊이 관계하고 있다. 다시 말하자면 집합 주거는 도시의 경관을 형성하는 데 절대적인 요소가 되어 있다.

오랜 미국 생활을 마치고 우연히 창동 전철역사에서 내다본 바깥 도시 풍경은 작은 충격을 안겨 주었다. 철로의 양쪽 편으로 가지런히 반복되어 늘어선 아파트들의 모습이 힐버자이머Ludwig Hilberseimer[2]가 고층 도시 프로젝트[3]에서 그려 낸 이미지와 너무나도 흡사하였기 때문이다. 힐버자이머는 생애 말년에 자신의 프로젝트를 보면서 "반복되는 상자 모양의 건물들이 너무 획일적이고 일률적이다. 나무 한 그루, 잔디 한 포기 어디에도 자연적인 요소가 하나도 없이 계획된 고층 도시는 어떤 면으로 보나 아스팔트와 시멘트의 메마른 풍경의 비인간적인 곳으로 대도시라기보다 차라리 대규모 공동묘지와 같다."[4]고 회상하였다.

이러한 산뜻한 새로운 도시의 모습과 삭막한 인공적인 환경의 이중적인 모습은 1971년에 촬영된 〈여의도 시범아파트〉에서도 그대로 목격된다. 그리고 이후 서울 곳곳에서 이러한 모습은 쉽게 볼 수 있는 풍경이 되었다.

힐버자이머의 고층 도시와 서울의 대단위 아파트가 여러 가지 면에서 서로 다르다 하더라도, 그와 동시에 많은 부분을 공유하고 있음을 간과할 수 없다. 결국 두 도시 모두 도시 공간의 근대화와 함께 기존의 도시 구조를 새로이 바꾼 대단위 개발이라는 점에서는 차이가 없다. 그렇게 계획된 공간들 사이에서 전달돼 오는 인공적인 삭막함과 기계

힐버자이머는 1924년 반복되는 상자 모양의 주거 건물들로 이루어진 고층 도시를 계획하였다. 종이에 잉크로 그린 투시도 (위).

계획된 고층 도시는 인공의 색채가 지나쳐 삭막해 보이기도 한다. 〈여의도 시범아파트〉의 전경(아래).

적 반복은 피할 수 없는 결과다. 이러한 도시 공간의 재편을 가져오는 집합 주거의 개발은 1960년대 말에 이르러 서울에 도시 계획이라는 것이 새롭게 받아들여지고 구체적인 도시 계획과 함께 아파트 단지 계획이 제안되면서 시작되게 되었다.

도시 계획과 집합 주거 계획의 거대화
대도시로서의 서울의 장기적인 개발에 대한 관심은 1960년대 말[5]에 이르러 실제의 프로젝트를 통하여 실현되기 시작하였다. 우선 도시 계획적인 면에서 눈에 띄는 대표적인 행사가 1966년에 있었다.

> 서울시는 당시까지 수차에 걸쳐 수립하였던 도시 계획을 일괄적으로 종합하여 20년 후인 1980년대의 서울 인구 500만을 예상하여 이에 호응할 수 있는 대도시 건설을 위한 기본 방향과 계획을 완성하고 그 모형을 시청 앞 광장 도시 계획 전시장에서 전시하였다.[6]

1966년 8월 15일부터 9월 15일까지 한 달간 일반 시민의 관심 속에 성황리에 열린 전시회의 작품 중에 특히 눈여겨볼 만한 계획안이 몇 개 있다. 그중 하나는 박병주의 서울 신도시 계획으로 5개의 무궁화 꽃잎 모양의 새로운 서울의 모습을 제안하였다.

> 세계적 계획도시를 창조하기 위하여 동서남북 측을 구상하여 남북 측에 대통령 관저와 입법부 그 사이의 상업 지구 시설, 동서 측에 행정부와 입법부 그 사이에 공공시설을 계획하고 (……중

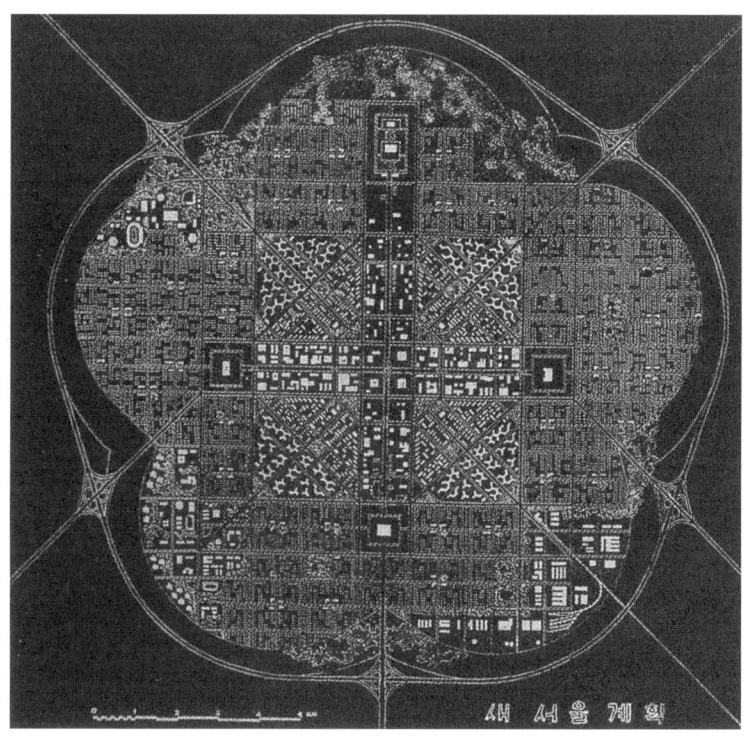

1966년 박병주가 제안한 무궁화 꽃잎 모양의 새 서울 계획.

략……) 총 계획 인구를 100만~150만으로 계획하였다.[7]

　서울을 계획 가능한 대상으로 보고, 이상적인 도시의 모습을 구상하여 실제의 계획안을 일반 시민에게 공개한 것은 시대 정황을 참작할 때 획기적인 일이었다. 전시회에 시민의 관심이 쏠렸고, 관람자가 70여 만 명 정도가 될 정도로 성황을 이루었다. 그만큼 서울시의 책임은 더욱 가중되었고, 동시에 계획안의 실현 가능성을 무시한 채 신도시 건설을 감행하는 듯한 서울시의 처사는 계획가들도 이해할 수 없는 일이었다.[8]

1960년대 말의 이러한 전시와 당시의 도시 계획에 대한 서울시, 계획가들의 관심은 도시를 계획의 대상으로서 보았다는 것과 도시의 개발을 거대한 스케일[9]에서 접근하였다는 데 매우 큰 의의가 있다. 도시 계획적 차원에서 집합 주거를 실현하는 것은 추후에 〈여의도 시범아파트〉 단지 개발을 시작으로 나타나게 되었다.

같은 전시회에는 서울시에서 계획한 첫 여의도 개발 계획[10]도 포

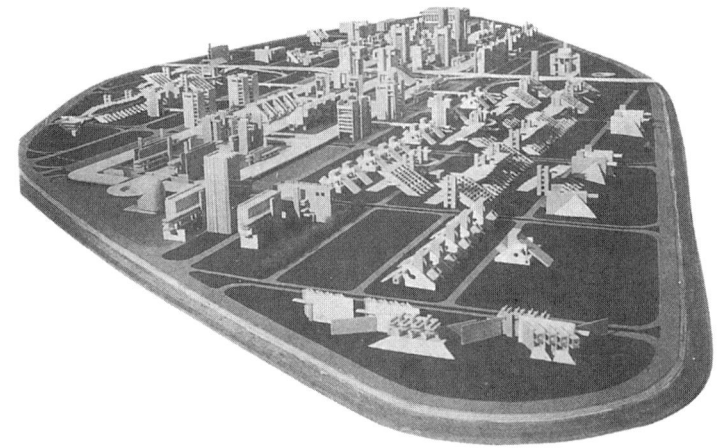

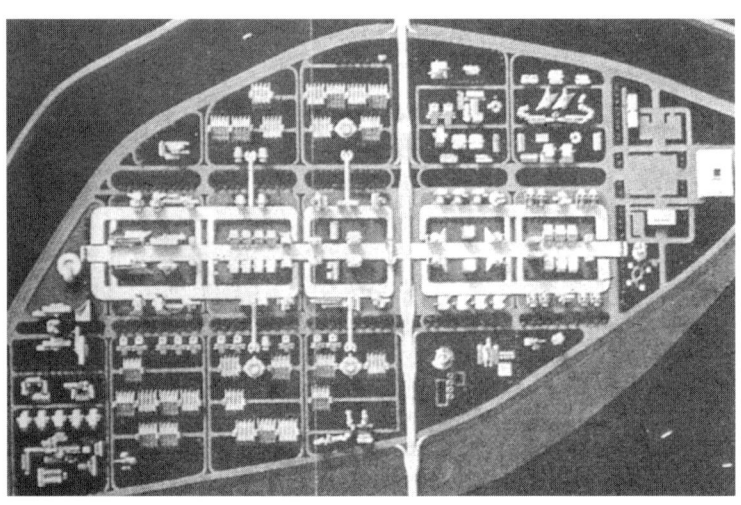

1968년 김수근이 발표한 여의도 개발 계획안.

함되어 있었다. 하지만 당시의 계획안은 시 당국의 관심 밖의 일이었고, 이후에 김현옥 시장이 '이상적인 도시 계획, 초현대적이며 후세에 길이 남을 예술적 도시 설계'를 의뢰하면서 건축가 김수근은 새로운 여의도 개발 계획안을 1968년 3월 19일에 발표하게 된다. 이때 제안된 안을 보면 도시 교통 계획에 따른 선형 계획, 보행자용 인공 데크, 도로의 계층화, 지구 단위에 따른 건물 배치 등 다양한 도시 공간이 시도된 '대담한 구상'이었다. 이와 병행하여 당시 김태수 등이 참여한 서울과 여의도·인천을 잇는 광역 도시 시스템의 계획도 눈여겨볼 만하다. 이 외에도 경부고속도로 개통(1968년 착공 후 1970년 개통), 영등포와 노량진 사이의 유료 강변1로 개통(1967), 청계고가도로 설치(1967), 도심부 재개발 사업[11](1967) 등 대형 건축 및 도시 계획이 실행되고 있었다.

김수근의 이상적인 여의도 계획안은 다시 한 번 전면적으로 수정되었다. 박병주를 중심으로 하는 계획팀(사단법인 도시 및 지역개발연구소)에서 여의도 상세 계획을 하였고, 이어서 여의도 상세 계획에 의거한 〈여의도 시범아파트〉가 탄생되면서 대단위 도시 계획에 의한 대형 집합 주거 단지를 완성하게 되었다.

아파트의 복제와 대량생산

집합 주거가 도시 계획적 차원에서 접근을 한다는 것은 어찌 보면 큰 그림을 그릴 수 있다는 차원에서는 고무적일 수도 있다. 하지만 당시 계획의 문제점은 그 모든 것을 단시간에 해내야 한다는 데 있었다. 대규모의 계획이 진행되면서 큰 그림을 채울 집합 주거의 모양은 천편일률적이 되어 갔다. 거대화된 계획은 집합 주거의 대량생산으로 이어졌

완공된 〈마포아파트〉를 항공촬영했다. 가운데에 1차로 지은 Y 타입 주동 6채가 이채롭다.

고, 결국 같은 유형이 복제되어 지어졌다. 그 대표적인 예가 시민아파트[12]와 시범아파트다.

    대량의 주택을 공급하기 위한 목적으로 아파트가 건설됨에 따라 서울 도심 주변의 경사지 곳곳에 집합 주거는 붕어빵처럼 찍어져 나왔다. 당시 국가와 서울시 주도 하에 지어진 모든 집합 주거는 장소 여부를 막론하고, 기본적인 주거 유닛 타입과 건물 유형을 반복적으로 사용하고 있다. 일례로서 〈마포아파트〉에서 사용한 'Y' 타입은 건물 유형이 특이함에도 불구하고, 지방의 공무원 아파트에 반복 사용되고 있음을 알 수 있다. 이러한 유형들이 반복적으로 건설된 데에는 기본적인 시공 기술만을 사용하면서 공사 진행의 효율성을 극대화하기 위함이 주된 이유였다. 더 나아가 당시의 주택 부족 상황은 이러한 집합 주거의 대량생산을 부채질하고 있었다.

집을 아무리 지어도 모자랐고, 길을 아무리 넓혀도 부족했다. 수돗물은 아무리 증산해도 따라가지 못했고, 무허가 건물은 헐어도 헐어도 더 늘어났다.[13]

〈여의도 시범아파트〉의 성공 이후에 관공서와 공기업 이외에 민간 기업들이 본격적으로 아파트 건설에 참여하게 되었다. 삼익주택의 〈삼익아파트〉(1974, 4개 동 360세대)와 〈대교아파트〉(1975), 한양주택㈜의 〈은하아파트〉(1974, 4개 동 360세대)와 〈한양아파트〉(1975) 등이 들어섰고, 뒤이어 삼부토건㈜, 라이프주택㈜ 등이 이어서 참여하였다.[14] 이후 동부이촌동 지역이 대단위로 개발되면서 민간 기업들은 더욱 적극적으로 아파트 건설에 참여하였다.[15]

1960년대 말에서 1970년대까지 도심 주변의 경사지와 한강 남쪽과 북쪽의 강변 지역에는 대량 복제된 아파트들로 도시 경관이 채워져 갔다. '저돌적'인 개발로 인하여 서울이라는 도시가 아파트 병풍으로 휩싸이게 된 것이다. 이와 함께 아파트가 대형 단지화하고, 집합 주거가 대량으로 건설되면서 도시의 경관에 미치는 영향 또한 증가하게 되었다. 아파트 개발이 서울 도심과 도심 주변에 이어서 한강변을 따라 동진東進하면서 그 변화의 속도와 규모는 도심 경관에 대한 시민의 인식에 변화를 가져다주었다.[16]

균형과 조화를 추구한 실험들

도시 곳곳에 구석구석 숨어 있는 건물들은 찬찬히 들여다보면 일방적이고 균일한 유형의 대단위 아파트와는 달리 주변과의 조화, 도시 가로와의 적극적인 대응 등 도시와의 경관에 또 다른 가능성을 보여 주

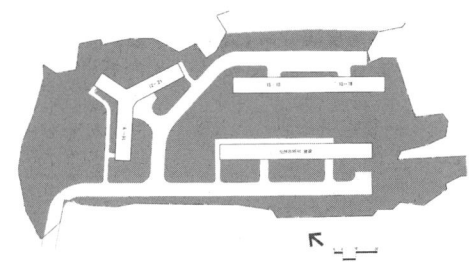

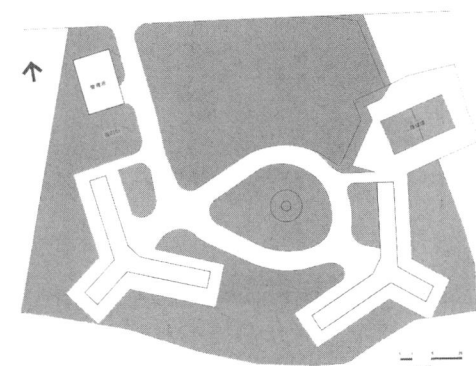

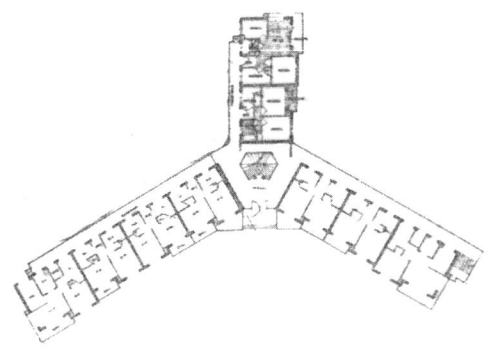

〈마포아파트〉와 같은 Y 타입의
공무원 아파트들. 위부터 광주,
대전, 용산.

는 집합 주거 사례를 찾아볼 수 있다. 아파트가 단순히 도시 공간을 균질화시키는 기계적 개발 메커니즘으로서가 아니라 기존 도시와의 균형 있는 개발 매체가 될 수 있음을 엿볼 수 있는 좋은 기회가 될 것이다.

반복되는 유닛 타입이지만 단순한 건물의 반복을 극복한 새로운 공간의 가능성을 보여 주는 아파트, 아파트 단지의 소형화 혹은 단일 건물로서 주변과의 조화가 자연스럽게 해결되면서 도심의 가로나 구조와 적극적으로 대응하여 도시의 성격을 더욱 강화시키는 선형線形의 아파트, 자기 마당을 품고 있는 단독 건물 형태의 중정형中庭形 아파트 등이 그러하다.

이러한 아파트들은 당시 대단위 개발의 방향에서는 살짝 비켜간 유형이다. 당시 대규모의 필지를 조성하지 않으면서 기존의 도시 구조 속에 집합 주거를 지어 넣기란 쉽지 않은 일이었다. 시민아파트가 언덕 위의 자투리 공간을 쉽게 활용할 수 있어 가장 적지適地로 이용되었다면, 그 외의 아파트들은 개천을 복개하거나 동네 어귀의 땅을 이용하여 조심스레 집합 주거를 지어 나갔다. 대규모 택지 개발과 신도시 개발이 이루어지기 전으로 도시 공간 구조의 재편이 일어나지 않은 상황에서 세워진 아파트들은 도시의 이곳저곳에서 나름대로의 다양한 도시 공간을 이루고 있었다.

이렇게 지어진 1960~70년대 아파트들은 기존 도시의 가로 구조와 주변 도시 공간에 크게 영향을 주지 않으며 자연스럽게 동화되어 갔다. 즉 기존의 지형을 크게 변형시키지 않고 기존 가로의 형태를 바꾸지 아니하면서 주변과 점층적으로 동화되고 변화되어 가는 것을 볼 수 있다. 주거의 공간이 주변의 도시와 만나는 방식이 다양하게 이루어질 수 있었던 것이다. 도시민의 생활 주거 공간으로서의 길, 마당 등의 외부 공간과 주거 공간은 자연스럽게 도시 생활공간을 형성하게 되었다. 언덕의 흐름을 따르거나, 개천을 따라 건물을 세우거나, 골목길을 따라 건물을 짓기도 하여서 도시 조직과 매우 잘 조화되도록 하였다.

다양한 유형의 소규모로 지어진 당시의 아파트들은 주변의 도시 공간 구조를 깨트리지 않은 채 기존의 기능을 유지하면서 도시 속으로 자연스레 들어가 존재했다. 그러다 보니 당시 그곳이 가지고 있던 공간의 형태·기능·성격이 주거에 그대로 드러날 수밖에 없었다. 이러한 거주 공간의 모습을 개별 아파트들을 통하여 자세히 들여다보자.

02 도시의 흔적

비정형적인 선형의 아파트

〈성요셉아파트〉: 〈성요셉아파트〉는 서울시 중구 중림동에 위치하며 1971년에 준공되었다. 〈성요셉아파트〉가 위치한 대지는 현재 종교용지로 남쪽에 성당이 있다. 발주자는 약현성당인데, 수익 사업의 일환으로 성당이 소유한 대지에 건설한 후 개인에게 분양하였다. 초기 입주자는 주변 시장 상인이 많았다고 한다. 기존의 인접한 마을 입구와

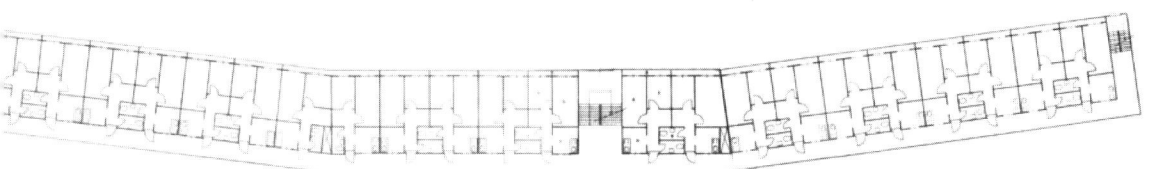

〈성요셉아파트〉의 평면도.

골목을 따라 길게 늘어선 〈성요 셉아파트〉. 지형의 경사를 반영하여 입면에 단차가 보인다.

성당으로 진입하는 입구 부분에 정원을 둔 상황에서 마을 골목길을 따라 아파트를 자연스럽게 선형線形으로 배치하였다. 일자형의 복도형 아파트로 기존 도로의 완만한 곡선을 따라 건물이 배치되었으며, 경사를 따라 건물도 계단식으로 점층적으로 높아졌다. 비교적 기존의 지형을 고려하여 시공하였다. 서울역의 서편 청파로에서 이어지는 〈대왕빌딩〉 앞길에서 시장이 열린다. 시장길을 따라 중림동 언덕으로 올라오는 길에 자리한 〈성요셉아파트〉의 저층부도 상가로 쓰이며, 아파트는 2층에서 시작한다. 〈성요셉아파트〉는 도시의 가로, 주변의 기능들, 아파트의 고유한 주거 기능을 다양하게 수용하면서 더욱 바람직한 조화로운 매개체로 역할을 하고 있다. 특히 도시 경관적인 측면에서는 더욱 뚜렷하게 이러한 역할을 확인할 수 있다.

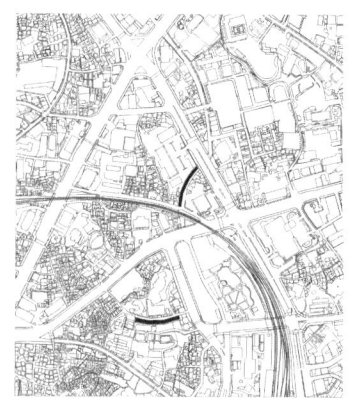

〈서소문아파트〉(위)와 〈성요셉아파트〉(아래)의 위치. 서울역 주변의 길을 따라 배치되었다.

〈서소문아파트〉: 서울시 서대문구 미근동에 자리하고 있으며, 1970년

도심 속에 위치한 〈서소문아파트〉는 주위의 고층 건물과도 조화를 이룬다.

〈서소문아파트〉의 형태는 도시의 길을 따라 자연스레 꺾이며, 저층부는 상가로 활용된다.

준공되었다. 서소문사거리, 서울역과 신촌역을 잇는 철로, 기존의 인접 도로 등 〈성요셉아파트〉보다 훨씬 도심의 성격이 강하다. 하지만 효과적으로 주변의 도시 상황을 반영하여 전면의 완만히 구부러진 도로를 따라 저층부에 상가를 두고, 그 위로 주거를 길게 선형을 이루도록 하였다. 아파트 후면은 기존의 주거나 식당, 상점들과 서로 아파트와 직접 맞닿아 있다. 그리고 저층부 상가 사이로 계단을 두고 계단실 양쪽으로 두 유닛씩을 배치하였다. 현재까지도 〈서소문아파트〉는 그 후에 지어진 〈임광토건 사옥〉 건물이나 〈서울지방경찰청〉 건물과도 잘 조화되는 경쾌한 건물 형태로 읽힌다. 하지만 아파트와 뒤편 단층 건물들이 하나로 엮이면서 하나의 통합된 도시 구조물로 형성되어 명확한 소유의 경계가 없는 탓으로 재개발이 어려운 상황에 있기도 하다.

〈삼선상가아파트〉-〈삼익맨션아파트〉-〈성북상가아파트〉: 세 건물은 서울시 성북구 동소문동에 자리했으며, 각각 1969년, 71년, 70년에 준공되었다. 이 집합 주거 유형은 세 개가 하나의 군群처럼 보인다. 성북동길에서부터 〈삼선상가아파트〉, 〈삼익맨션아파트〉, 〈성북상가아파트〉, 안암천이 하나로 연결되면서, 자연스러운 선을 만들어 낸다. 이 세 아파트는 그 길을 따라 긴 선형의 형태를 취하고 있고, 유연한 곡선에 가까울 정도로 필지의 영향을 많이 받은 형태를 보여 준다. 〈삼선상가아파트〉의 경우 도로 쪽보다는 그 뒤쪽이 활성화된 시장의 모습을 보여 준다. 성북천이 복원되면서 복개천 위에 세워진 이 아파트들은 철거된다.

〈신영상가아파트〉: 1973년 서울시 종로구 신영동에 지어진 〈신영상가아파트〉는 세검정길과 진흥로가 갈라지기 전 도로 변에 위치한다. 도로 변 가로에는 상가가 위치하고 있으며, 그 위로 주거가 올라가 있다. 편복도 형식으로, 복도는 도로 쪽으로 열려 있다. 복개된 홍체천 위에 지어졌으며, 긴 선형의 5층 건물이다. 가로변으로 열려진 상가는 한강 아파트 단지의 노선상가를 연상시킨다.

선형의 아파트가 보여 주는 특징

선형의 아파트들은 형식[17]으로 분류하자면, 대부분이 상가아파트다. 상가아파트란 저층부는 상가로 사용하고 위의 3~4층을 주거로 사용하는 아파트 유형을 말한다. 지금의 주상복합 아파트와 비교해 볼 수

육교 위에서 바라본 〈신영상가아파트〉. 도로에 면하고 있는 길이가 매우 길게 느껴진다.

있는데, 1960~70년대의 상가아파트가 그 원형이라 할 수 있다. 도시 속 프로그램, 그중 주거와 상업이 하나의 건물 안에 복합화되면서 나타나는 형식이다. 이러한 상가아파트는 대부분 시장과 인접하여 위치하면서 시장의 역할이 자연스레 아파트의 저층부로 연장되어졌다. 즉, 상가아파트는 시장 위에 들어선 주거 공간이다. 상가아파트는 지어질 때만 해도 도심 불량 지구 개발과 토지의 고도 이용이라는 측면에서 1967년도의 〈세운상가〉를 비롯하여 각지에 건설되기 시작하여, 한때는 서울의 중심 지역뿐 아니라 곳곳에 들어서게 되었다.[18]

독립적으로 지어지는 상가아파트는 대단위의 개발이 아니기 때문에 필지의 특성을 따르기가 쉽다. 선형의 아파트의 경우는 도시의 구성 요소 중 길이라는 요소와 면하여 있으면서 자연스레 그 요소를 형태적으로 따라 주게 된다. 도시의 조직을 반영한 물리적 건축물은 도시의 조직을 더욱 두드러지게 만들어 준다. 본체 길이라는 것은 도시에서 연속성을 가지고 있으며 쉽게 없어지지 않는 요소다. 특히나 대규모 개발을 피해 간 도심의 몇몇 공간에서는 그 요소들이 맥을 이어가고 있으며 자연발생적으로 그 요소를 따라 형태가 결정지어진 건축물들을 볼 수 있다. 선형의 아파트들은 가로의 켜를 보완해 주는 요소로서 그 특이성을 찾아볼 수 있을 것이다. 도심의 상권을 저층부에서 그대로 받아 주면서 가로를 활성화시켜 주고 그 위로 주거의 기능이 올라가면서 필지의 형태를 따르는 복합적 아파트가 들어서게 된다.

〈삼선상가아파트〉와 〈삼익맨션아파트〉와 〈성북상가아파트〉의 경우는 조사를 할수록 그 형태적 연속성이 어디에 기인한 것인지 의문이 생겼다. 단순히 길을 따라 들어섰다고 하기엔 세 개의 아파트가 이어지는 형태의 연속성이 너무나도 뚜렷이 보였다. 필지의 특성을 좀 더 깊이 들여다볼 필요가 있었고, 아파트가 들어서기 전의 지도를 통하여 그 원인을 찾아볼 수 있었다. 〈삼선상가아파트〉에서 〈성북상가아파트〉로 이어지는 길을 따라가다 보면, 그 선이 안암천으로 이어짐을 알 수 있다. 즉, 연속적인 형태의 아파트들은 복개된 안암천 위에 지어진 것이다. 〈신영상가아파트〉의 경우도 그 선형을 따라가다 보면, 복개된 홍제천의 흔적을 볼 수 있었다.

　복개된 하천 위에 개발된 상가아파트와 관련된 서울시의 계획에 대한 기록을 찾아볼 수 있었다.[19] 서울시는 1970년대 삼선교 상류 일부 구간의 복개 공사를 시행하면서 이와는 별개로 성북천의 하천 공사를 기록한 비관리청의 공사 기록이 있다. 1960년대 후반 서울시정이 한창 건설제일주의로 들떠 있던 그때, 민자民資에 의해 하천 복개 공사가 진행되었고, 그 위에 상가아파트가 지어졌다. 민자에 의해 하천 복개 공사가 진행되는 경우 투자액 상당의 개발 이익이 보장되고 또 하천 점용료도 상당 기간 면제되는 상계 조건을 부과하여 점용 허가가 나기 마련인데, 이 경우도 그런 예의 하나였다.[20] 서울시와 민간업체가 서로 이익을 상충해 가며 하천을 복개함과 동시에 그 위에 상가아파트를 지었다. 성북천의 중류 상당 구간은 이렇게 하여 복개가 되었고 그 한 예가 〈삼선상가아파트〉와 〈성북상가아파트〉다.

　옛 서울의 도심에는 곳곳에 하천이 흐르고 있었고, 그 물길은 다시 서울의 길이 되었다. 그리고 그 주변으로 이루어진 시장과 주거 공간은 결합하여, 상가아파트의 기능과 물리적 형태에 영향을 주게 된다. 지금의 주상복합이 고밀도·고이익 창출을 위해 타워형을 선호한다면, 이 시기는 자연발생적인 성향을 띤다. 우선 이 지역의 현재 지도와 1950년대의 지도를 비교해 보자. 집합 주거가 건설되기 전인 1950년대 연속적 아파트 지도 비교. 1959년(위)과 1993년(아래)을 비교하면, 하천의 형태가 그대로 남아 아파트의 선형을 결정지었음을 알 수 있다.

의 지도를 보면, 그 지역의 필지가 고스란히 남아 있음을 알 수 있다.

현재 도시 공간이 근대적 개발 이후 과거의 형태를 찾아 볼 수 없는 반면, 물길은 복개가 되어도 대부분 가로의 체계로 그 형태를 유지하고 있다. 도시 속 건물은 그 형태가 그리 오래 유지되지 않지만, 도시 속 길이라는 요소는 재포장되고 정리가 되기도 하면서 그 형태를 계속적으로 유지해 가기가 쉽다. 특히 물길이라는 것은 서울을 전반적으로 흐르던 물의 흐름이었기에 도시 속에서의 생명력은 더욱 강하다

할 수 있다. 비록 근대화의 개발 속에 자연이라는 소중함은 잠시 잊혀지고 콘크리트로 덮이게 되었지만, 그 흔적은 계속 남아 길이 되고 다른 켜들과 중복되면서 새로운 장소성을 부여받게 되었다.[21] 비정형적이던 물길은 그래도 길의 형태가 되면서 그 명맥을 이어가게 된다. 기존의 물길이 경계부의 역할을 하였다면, 가로가 되고 또 다른 켜와 만나게 되면서 장소가 되고, 도시의 흔적이 된다.

〈서소문아파트〉, 〈성요셉아파트〉의 경우도 필지의 지목은 '천川'으로 명기되어 있다. 하천에 점용 허가를 내고 지은 건물임을 다시 역으로 유추해 볼 수 있다. 〈삼선상가아파트〉와 〈성북상가아파트〉, 그 옆의 〈삼익맨션아파트〉까지, 그 형태는 물길의 형태를 그대로 건축적 형태로 치환한 것이다. 물길이 하나의 장소가 되면서 상업과 주거라는 행위를 연결시켜 주는 상가아파트가 되었다. 이러한 현상은 도시에 연속적으로 있었던 형태와 여러 가지 다른 형태학적 과정에 대한 기억을 간직하는 흔적에 대한 것을 설명한다. 이러한 흔적들은 모여서 그 도시 형태의 역사를 통하여 일종의 도시의 기억을 구성하게 되는 것이다.[22]

도시의 연속성을 그대로

선형의 상가아파트는 도시가 가지고 있는 흔적[23]이다. 그것은 새롭게 생겨난 것이 아니라, 도시의 역사 속에서 물려받은 것이다. 도시에 남겨진 표시는 계속 도시의 기억이 된다. 가로라는 도시의 조직은 쉽사리 없어지지 않고 계속 도시의 흔적을 이어왔다. 사람들은 그곳을 지나다니며 장소를 만들었고 주거 공간이라는 켜를 만들었다.

도시 공간에서 서구의 도시는 건축의 성격이 건물에 의해 둘러싸인 광장에 의해 상당 부분 영향을 받지만, 서울의 도시는 길과 물길이라는 선형적 요소가 상당히 중요한 장소성을 가지고 있다. 물길이라는 것이 사라지면서 그곳은 역사적 대상물로는 읽혀지지 않는다. 도심 속 물이 가지고 있던 특징과 역할은 그곳이 덮이면서 더 이상은 읽혀지지 않는다. 그러나 그 흔적은 다시 새로운 장소가 된다. 서울에 남겨져 있던 물길은 사람들이 지나다니는 길이 되고, 그 길에 상가아파트라는 새로운 켜가 생기게 되는 것이다.

비정형적인 선형의 상가아파트들은 도시의 조직인 물길과 가로의 형태를 그대로 건축적으로 치환하고 있다는 점에서 도시의 연속성을 보여 준다. 또한 도심 속 서민의 삶을 그대로 이어오고 있다는 점에서도 삶의 지속성에 대한 부분을 간과할 수 없다. 일자형이 모여서 대단위의 단지를 만드는 개발의 경우 그 필지적 특성과 계층적 특성을 지켜 주기는 어려웠다. 그러나 도심 속 아파트 중에는 도시적 맥락이 유지된 채 지어지는 경우들도 있었다. 그 개발의 질과 과정을 답습하지는 않더라고 도시 공간을 구성하는 요소로서 그러한 공간들이 어떠한 의미를 가지고 있었는지는 되돌아볼 필요가 있다.

이러한 복개된 하천 위의 아파트는 환경적으로는 많은 문제를 낳는다. 복개된 땅에 지어진 건물은 그 기반이 약한 관계로 구조적인 안정성을 갖기가 어렵다.[24] 그에 따라 30여 년이 흐른 지금, 안정성을 의심받고 재건축·재개발이 추진 중이다. 또한, 일부는 아파트 아래 하천이 복원되면서, 자연스레 철거되고 있다. 심하게 노후하여 삶을 위협하는 주거 공간을 그대로 유지하기는 힘들지라도 그것이 도시의 삶에서, 도시의 역사에서 가지고 있는 의미를 남길 수는 있을 것이다. 도시의 변화와 발전을 흡수하고 뒷받침하던 요소들이 점진적으로 형성되어 가는 과정을 생각해 보고 도시의 역사를 생각해 보는 것은 앞으로의 도시를 형성하는 데 있어 고려해 볼 문제이다.

과거의 도시 형태나 결과로서의 아름다운 경관을 그대로 재생하는 것이 아니라, 역사 속에서 도시의 생성·발전·변화의 논리적 과정을 재발견하고 회복하는 것은[25] 재창조의 시작이 될 수 있다. 도시 속 유형이 무의식적으로 혹은 자연스럽게 변해가고 있는 양상을 아는 것은 재발견의 시작이다.

어떤 유형은 기후나 풍토나 문화적·사회적 속성에 의해서 근원이 형성되어 변화하고 발전해 온다고 보며, 혁명적으로 창출된 측면도 있지만 결국은 근원과 뿌리가 있다고 본다. 그래서 주거 유형은 발명되지 않고 진화된다고들 이야기한다. 특히 문화적으로 안정된 사회 특히 서구 중세 사회, 르네상스 시대 등에서는 그 기본적인 뿌리를 가지고 조금씩 변화하면서 질적인 것은 변화하지 않고 다양한 변형만이 존재하고 있다. 즉, 공유하는 유전자는 가지면서도 다양한 변종들이 존재하므로 주거 환경이 균질하면서도 동시에 변화하는 모습을 보인다. 특히 귀족 주택 같은 경우 어떤 양식의 변화에 따라서 민감하게 바뀌지만, 도시의 80~90퍼센트를 차지하는 무자각unselfconscious한 생산방식에 의해서 이어지는 서민 또는 일반 대중의 주택은 그 지속성이 강하다. 이러한 변화의 메커니즘은 도시의 조직, 도시의 성격의 변화와 함께 수동적으로 변화한다.[26]

위에서 발굴된 선형의 상가아파트들은 이러한 자연적인 메커니즘을 보여 줄 수 있는 증거물이 될 것이다.

03 모여 살기와 공공의 마당

블록형 아파트

〈동대문아파트〉: 1966년에 지어진 〈동대문아파트〉는 동묘앞역에 근접하여 있다. 역에서 나와 맞은편에서 보면, 도로에 인접한 높은 건물들 사이에 끼여 있는 6층 건물을 볼 수 있다. 가운데 중정을 가지고 있으며, 그 주변으로 복도를 두어 진입이 가능하다. 중정을 보며 주로로 양측 코어 방식을 취하면서 2~6층까지는 장변복도를 연결하는 중앙 브리지를 가지고 있다. 중정은 간격이 협소한 관계로 특정한 행위를 위한 공간보다는 광정光井으로써의 성격이 더 강하다. 세대별 발코니가 없어 복도 사이에 도르래 시설물을 설치하여 빨래 건조 공간으로 이용한다. 장변측 복도에 면하여 11세대씩 1개 층에 22세대가 배치되어 있고, 중앙에

〈동대문아파트〉의 중정. 복도에 도르래가 설치되어 중정을 가로지르는 빨랫줄을 잡아 준다.

모여 살기와 공공의 마당　79

는 브리지가 연결되어 주민 상호 간의 교류에 큰 불편은 없어 보인다.

〈원일아파트〉: 서울시 서대문구 홍제동에 위치한 〈원일아파트〉는 1970년에 지어진 6층의 아파트다. 한 세대당 주거 면적이 14평형으로 40세대가 모여 살고 있는 'ㅁ'자형의 블록형 아파트다. 홍제고가차도와 면하고 있으며 〈유진상가〉와 근접하여 위치하고 있는데, 저층부는 상가로 구성되어 주변의 시장 건물과 연결되어 있다. 1·2층은 상가로 이용되며, 3층 이상부터는 내부에 중정을 가지고 있는 폐쇄적인 블록형 아파트의 모습을 띠고 있다. 중정의 폭이 2미터 정도로, 중정의 양옆에 복도가 나 있고 그 복도를 따라 5개씩의 단위 세대가 대칭을 이루어 배치되어 있다. 중정의 폭이 좁다 보니 채광은 열악하지만, 복도 끝이 열려 있어, 환기는 용이한 편이다. 중정의 양쪽 끝, 복도 사이에 계단실이 위치하고 있고, 개구부에는 돌출된 테라스가 있다. 상층부에 차양이 설치되어 있어, 중정을 철저히 실내 공간으로 만들어 주고 있다.

〈현대아현아파트〉: 서울시 마포구 아현동에 위치하고 있다. 기존 대지에 있던 〈현대극장〉이 불타고 나서 아파트로 개발되었고 1970년 완공되었다. 〈현대극장〉의 소유자와 투자를 위해 참여한 개인 사업자를 포함한 3인에 의해 개발되었다. 외관에서 장식적인 역할을 하고 있는 백색의 수직 띠가 인상적이다.

　　블록형 아파트의 원형에 가장 가까운 'ㅁ'자 중정을 포함하고 있으며, 중정은 빛을 받아들이는 광정의 역할을 하고 있다. 반 층 올라가 1층부터 주거가 시작되며 반 지하층은 임대용으로 교회가 사용하고 있다. 저층부에 상가를 포함하지 않은 주거 전용에 가까운 유형으로 중정의 폭이 좁고 깊어 소음이 심하고 저층부에는 빛이 잘 들지 않는 단점이 있다. 중정이 6개 층 높이를 갖고 있기 때문에 안전을 위하여 중정 전체를 가로질러 안전망이 설치되어 있다. 중정을 중심으로 마주 대하고 있는 유닛의 배치는 아파트 거주자끼리 충분히 소통이 가능한 반면 프라이버시 침해의 문제를 가지고 있다.

〈안산맨숀〉: 서울시 서대문구 홍제동에 위치하고 있으며 1972년 완공된 건물이다. 연면적 3741.5제곱미터(1131.80평)인 주상복합 건물로서 지상 1층엔 상가들이 위치하고 있으며 지상 2층부터 6층까지 주거가 형성되어 있다. 대지가 비정형적이다 보니 직사각형을 탈피한 마름모꼴의 중정을 가지고 있다. 총 44세대(26평형 24세대, 30평형 13세대, 18평형 7세대)이며, 철근 콘크리트조이고 초기엔 중앙 집중식 기름보일러

〈현대아현아파트〉의 외관. 의장 요소로 쓰인 수직의 백색 띠가 다른 건물과 차별화된 모습을 보여 준다(왼쪽).

〈현대아현아파트〉의 중정. 중정으로 빛이 흘러 들어온다(오른쪽).

〈안산맨숀〉의 중정. 대지의 형태에 따라 중정 역시 반듯한 형태가 아니다. 그 위로 보이는 하늘의 모습이 이채롭다.

난방이었으나 현재는 도시가스로 개별난방을 하고 있다. 초기 1층 부분은 필로티(pilotis, 건축물 1층에는 기둥만 세워 개방감을 주고 통로로 활용하며, 2층 이상에 방을 짓는 방식)로 계획되어 주차 공간으로 활용하였으나, 건축주의 경제적 상황 때문에 평면을 변경하여 상가가 들어서게 되었다. 〈안산맨숀〉은 등장 초기 고급형 아파트로서 영화배우 등 유명 인사가 살았으며, '맨션'이라는 명칭에서 알 수 있듯이 주거 브랜드의 고급화를 추구했던 것으로 보인다.

블록형 아파트의 특징

블록형 아파트도 비정형적 선형을 띠는 아파트와 마찬가지로 도시의 조직을 그대로 유지하면서 삽입된 형태로 아파트 초기 도입 단계인 1960년대에서 1970년대에 기성 시가지의 필지를 합쳐 지어진 아파트들이다. 도심의 가로에 대응하면서 들어선 이러한 아파트들은 도시의 경관 및 구조를 해치지 않을 수 있다는 점에서 유용하다. 아파트 단지의 건축 수법으로 사용된 '슈퍼블록superblock', 대단위 형태의 대규모 단지에 의한 개발은 기존의 도시 조직의 물리적 구조와의 관계를 부인하는 도시와 유리된 주거 공간을 만들게 된다. 대규모로 조성하는 단지식의 아파트 계획은 인간적 척도human scale에 입각한 계획이라 할 수 없으며, 진정한 도시의 정주성定住性을 고려한다면 다시 생각해 봐야 한다.

블록형 아파트의 가장 큰 특징은 가운데 '마당' 이라는 외부 공간을 가지고 있다는 것이다. 필지의 경계부를 따라 주主동이 들어가면서 생긴 가운데의 여유 공간은 마당을 형성하게 된다. 이러한 중정은 외부 공간에서 주호主戶로 접근하면서 자연스러운 전이轉移 공간의 역할을 해 줌과 동시에 주민 커뮤니티 활성화의 가능성을 보여 준다. 주호의 출입문은 대체로 중정을 향해 있다. 중정을 둘러싼 복도와 그곳에 면해 있는 주호의 출입문은 중정의 구심적 역할을 더욱 강하게 보여 준다.

중정의 물리적 규모

기존의 연구를 보면, 일반인이 편안하거나 친밀하게 느끼는 집합 주거 크기의 평균은 높이 4.80층(19.2미터), 전면 길이 29.2미터, 높이비(건물 길이/건물높이) 1.73라고 한다. 중정의 경우 일반인이 편안하거나 친밀하게 느끼는 평균 크기는 중정 내부에서 보이는 건물 전면의 높이 4.33층(17.3미터), 중정의 폭 29.9미터, 높이 비(중정의 폭/높이) 1.93라는 조사 결과를 확인할 수 있다. 또한 전문가들이 봤을 때 '인간적 척도'라 말할 수 있는 건물 규모는 대략 건물의 높이가 4~6층(20~24미터), 건물의 길이 36~43미터, 건물의 높이비 2~3, 중정의 높이비 2~3으로 볼 수 있다.[27]

〈동대문아파트〉, 〈원일아파트〉, 〈현대아현아파트〉, 〈안산맨숀〉은 모두 6층 건물로 대략 18미터의 높이를 가지며, 가로에 면한 부분의 길이는 16미터에서 26미터로 건물의 높이와 규모 면에서 볼 때 사람들이 느끼는 편안한 건물의 범위를 넘지 않았다. 중정의 경우는 높이가 12미터에서 18미터로 일반인이 편안하게 느끼는 17.3미터보다 대체로 낮거나 거의 근접함을 볼 수 있었다.[28]

중정의 폭과 길이는 높이에 비해 협소함을 볼 수 있는데, 당시 주거의 비계획적인 측면을 보여 주기도 한다. 실질적으로 중정에 들어가 보면, 조금 작은 느낌이 들기도 하는데, 몇몇의 아파트는 빛이 새어 들어오는 아늑한 공간의 느낌이 들기도 한다. 기존의 연구가 건물의 배치에 의해 생긴 옥외 중정에 대한 것이라면, 책에서 다루어지는 아파트들이 단일 건물 내부에 삽입되어 있는 수규모 중정이라는 점에서 평가의 기준과 관점에 차이가 있기에 단일 건물 내의 중정에서 편안하게 느끼는 적정 규모에 대한 연구는 앞으로 진행될 필요가 있다.

블록형 혹은 중정형 아파트[29]라고 불리는 이러한 유형은 일반적으로 계획적 혹은 자연발생적으로 생긴 도시 내 가로에 의해 구획된 필지 내에 단독 또는 여러 채의 주동이 집합된 형태를 말한다. 보통 가로를 따라 연속되며 필지를 따라 건물들이 들어서면서 블록을 형성하기 때문에 블록형 아파트로 불리기도 하고, 건물로 둘러싸인 블록 내부에 중정을 포함하고 있기 때문에 중정형 아파트라고도 불린다. 외부의 가로에서부터 건물, 중정으로 이어지는 외부와 내부의 체계는 도시

구 분		〈동대문아파트〉	〈원일아파트〉	〈현대아현아파트〉	〈안산맨숀〉
건물의 규모	평면	단변 16m 장변 52m	단변 18m 장변 26m	단변 23m 장변 44m	단변 26m 장변 26m
	높이	6층 약 18m	6층 약 18m	6층 약 18m	6층 약 18m
중정의 규모	평면	단변 6m 장변 43m	단변 2m 장변 12m	단변 5.2m 장변 22.4m	최소 5m 최대 10m (마름모 대각선 기준)
	높이	6개층 약 18m	4개층 약 12m	6개층 약 18m	5개층 약 15m
	높이비 (폭/높이)	단변 대비 : 0.3 장변 대비 : 2.4	단변 대비: 0.2 장변 대비: 1	단변 대비 : 0.3 장변 대비 : 1.2	최소 대비 : 0.3 최대 대비 : 0.7

중정의 물리적 규모 비교

의 블록 내에서 적용이 가능한 도시 주거의 유형을 보여 준다.

아파트가 중정을 가지고 있다는 것은 도시 주거에 있어서 많은 의미를 가진다. 마당이라는 것은 거주자에게 풍부한 일조日照와 활동의 장을 제공하며, 이로 인해 거주자는 매력적인 장소에 거주한다는 만족감과 귀속감을 높여갈 수 있다. 또한 공용의 공간인 중정에 공동 시설을 두어 커뮤니티를 확보하는 경우 그 활용도는 더욱 높아질 수 있다.

블록형 아파트에서 외부와 맞닿아 있는 공간은 직접적으로 가로와 연접하여 도시민들에게 쉽게 보여지는 공간이자, 접근이 용이한 공간이다. 그러나 내부의 공간, 중정은 가로에서 제한적으로 보이기에 외부에서 볼 때는 그 존재를 알기란 쉽지 않다. 거주민을 제외한 사람들은 전혀 출입을 할 수 없거나 제한적으로 가능한 공간이기에 이곳은 거주민만의 사적私的 공간이 된다. 더불어 거주민 모두가 함께 사용할 수 있는 공적公的 공간이 되어 준다.

그 쓰임은 공간의 특성에 따라 조금씩 차이를 보인다. 〈동대문아파트〉의 경우 중정의 폭이 좁기 때문에 그 안에서 실질적인 활동이 벌어지는 영역이기보다는 빛을 받아들여 주는 광정光井의 역할을 한다. 아파트의 주민들은 중정을 향하고 있는 복도에 나와 그곳에 빨래를 널어 놓는다. 복도의 도르래를 이용해 중정을 가로질러 빨랫줄을 걸 수 있는데, 중정으로 들어오는 햇볕에 빨래를 말리는 것이다. 이 덕분에 지상의 중정뿐 아니라 그 주위를 에워싼 층층의 복도들까지 생활공간이 되면서 입체적인 공간으로 활용된다. 〈동대문아파트〉의 초기 도면을 보면, 도르래 시설에 대한 고려가 되어 있는 것으로 보아, 계획 당시부터 주민들의 생활에 대한 세심한 배려를 한 것이 아닌가 싶다.

〈안산맨숀〉은 비정형의 필지의 형태를 따라 건물이 들어서다 보니 중정의 모습이 직사각형을 탈피한 마름모꼴을 하고 있다. 중정에서 보이는 하늘의 모습 역시 비정형이다. 1층은 상가로 쓰고, 2층부터 시작하는 중정은 수돗가로 사용되고 있고, 6층의 일부 개별 주호 앞 작은 마당은 장독대와 수돗가로 현재도 이용되면서 주민들의 커뮤니

〈동대문아파트〉의 도르래 시설 도면과 입면도.

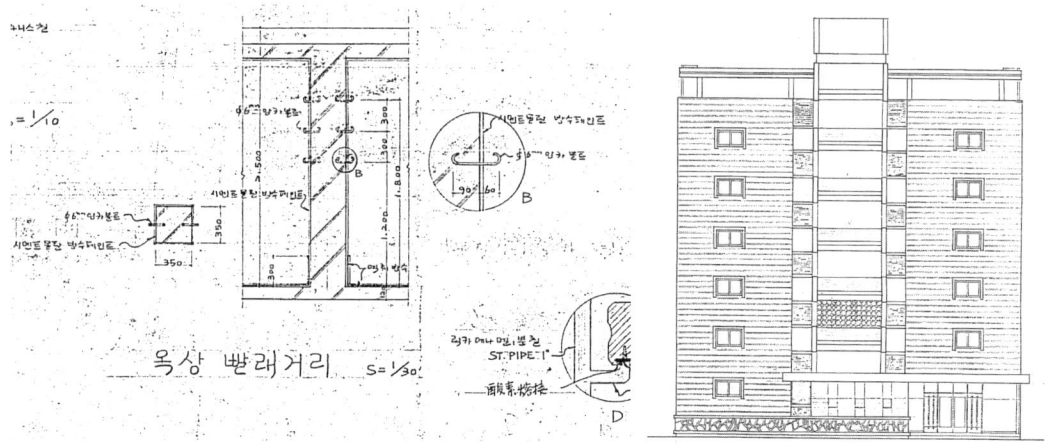

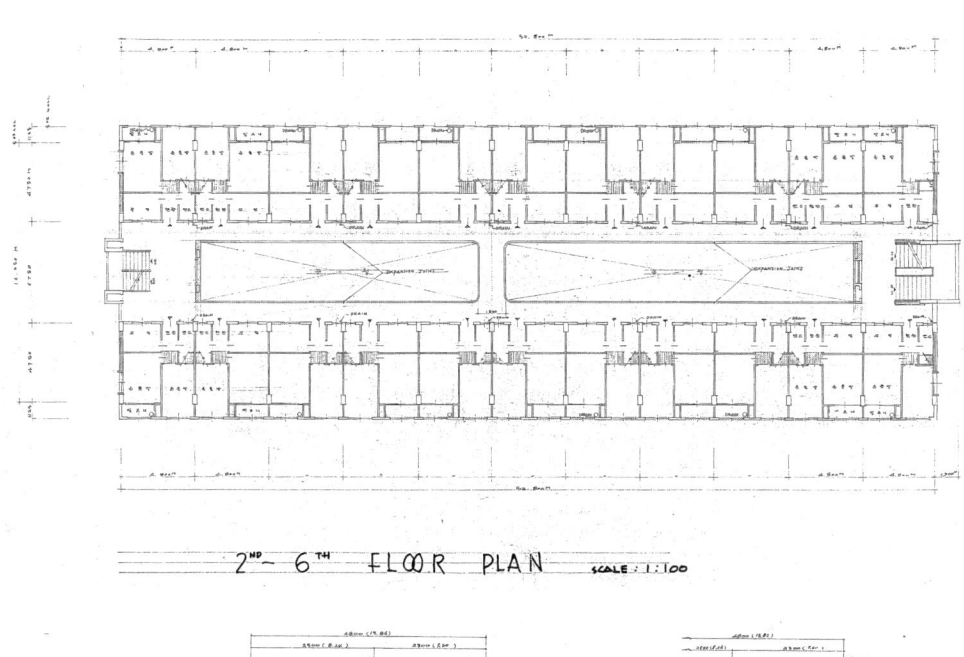

2ND ~ 6TH FLOOR PLAN   SCALE : 1:100

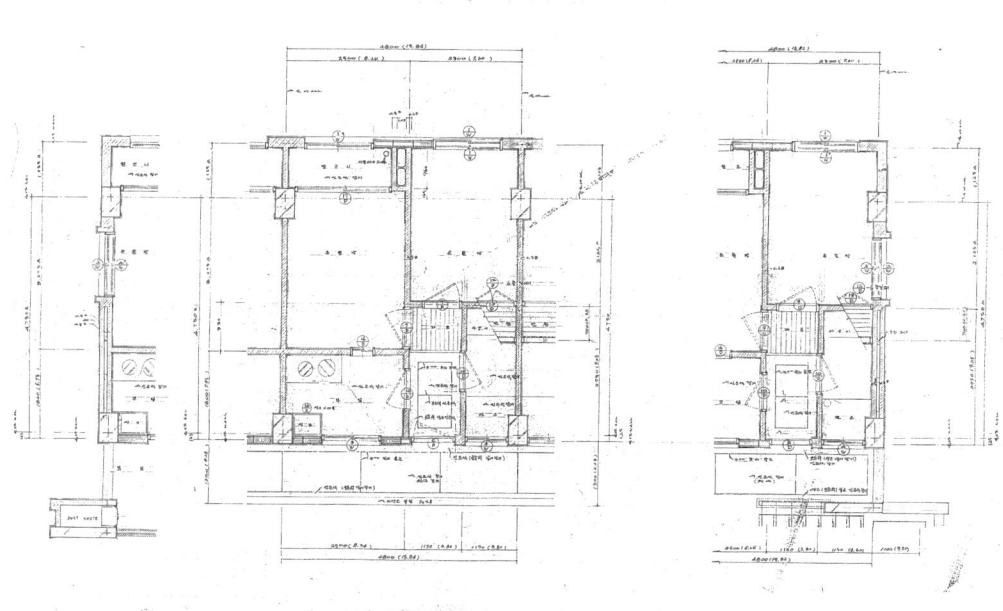

UNIT PLAN 1:30

〈동대문아파트〉 평면도.

티 공간으로 사용되고 있다. 옥상 공간은 텃밭이 조성되어 수시로 주민들의 모임이 이루어지기도 한다.

실제로 아파트들의 중정에 들어서면 의외의 편안한 느낌을 받게 된다. 근린 생활의 장으로, 교류의 장으로 역할을 하고 있는 중정은 거주민들의 심리적인 구심적 역할을 함과 동시에 공동생활의 중심이 되어 준다. 공용의 공간에 대한 개념이 확립되기 이전에 별도의 계획 이론 없이 지어진 건물인 만큼 중정 공간이 협소하거나 단순히 광정光井으로만 이용되는 단점이 있을 수도 있다. 그러나 이러한 중정을 통해 우리의 도시 주거가 간과해 버린 마을 단위의 '모여 살기'와 '인간적 척도'를 다시 한 번 생각하게 해 준다는 점에서 이러한 중정들을 다시 들여다볼 필요가 있다.

마당과 경계, 그 안에서 모여 살기

블록형 아파트는 일반적으로 경계 영역을 형성하면서 공동체가 형성될 수 있는 데 유리한 형식으로 여겨진다.[30] 그러나 우리나라에서는 대단위 단지형 개발 방식이 주류를 이룸으로써 좀처럼 찾아보기 힘든 집합 주거의 유형이 되었다. 대단위 블록형 개발에 의한 천편일률적인 판상형 단지 배치 방식의 아파트 계획 방법은 기존 도심지와의 도시적 맥락, 주거성의 관계, 도시 경관의 문제 등에 대한 심각한 단점을 드러내게 되며 삭막한 삶의 표상이 되었다.

이에 비해 기성 시가지에 소규모 블록으로 개발되어진 블록형 아파트는 고밀의 경제적 욕구를 만족하면서 공공 영역과 사적 영역이 조화될 수 있는, 그 가능성을 보여 주는 특색 있는 정주 공간의 형태다.

아래 표는 기존의 집합 주거 단지의 문제점과 지금까지 언급한

구 분		기존 집합 주거 단지의 문제점	단일 건물 중정형 집합 주거의 장점	주안점
물리적 측면에서의 인식	대지	동질화된 공간과 결정되지 않은 연속	특수한 대지에 결정화된 정주 공간	쾌적성의 결여를 극복해야 함
	밀도	1. 도시의 산을 해치고 가로 막은 경사지 고층 아파트 2. 폐쇄적 주거 단지로 도시 공간의 단절과 활력 저하 3. 획일적인 주동과 주호	1. 기존의 도시 가로에 대응 2. 다양한 주동과 주호	
	시설	획일적 부대시설 및 획일적 옥외 공간	다양한 커뮤니티 공간 제안 가능성	
	단지 내 조경	이용할 만한 옥외 공간 부족	중정을 활용한 공간 제안	
공간의 인식	공적·사적 공간의 관계	1. 사유 공간 의존적 인식 (가구 단위 폐쇄적·내향적 계획) 2. 단지식 개발 및 고층화 추세	공공 영역으로서의 공존적 인식	도시 공간과 집합 주거의 상호 맥락적 관계성 추구
	생활공간과 공공 공간의 관계	한국적 생활양식에 대응하는 주거 공간 구성 원리 요구 (주거 공간 계획→도시성과 유리된 고립화)	도시성과 호흡하는 주거 공간 원리 제안	
주거 환경의 인식	생활양식의 관계	한국적 생활양식에 대응하는 주거 공간 양식 요구(주거 공간 계획→미래 생활 양식 모색)	한국적 생활양식에 대응하는 마을 단위 커뮤니티 공간의 가능성	양식과 주거 환경에 대한 인식적 사고의 전환
	환경의 질	1. 고층화의 의미↔옥외 공간 확보 최소 기준 충족 지향적인 주거 환경 2. 하향평준화 환경의 질적 기준 = 사회적인 가치 체계	1. 저층 주거 계획 특색 있는 정주 공간 실현 2. 개성 있는 가치 체계 실현	

기존 집합 주거의 문제점과 단일 건물 중정형 집합 주거의 장점 비교

중정형 집합 주거의 물리적·공간적·주거 환경적 인식의 차이점을 정리하고 있다.[31]

아파트 도입 초기의 블록형 아파트들은 자생적으로 발생하였던 도시 집합 주거의 유형이다. 비록 체계적인 계획이 뒷받침되지 않은 상황에서 지어졌기에 공간상의 단점들은 있지만, 천편일률적인 아파트로 뒤덮인 현재 도시 속에서 살아 있는 공간으로서 그 의미를 되짚어 볼 필요가 있다.

이렇게 소규모로 지어진 블록형 아파트의 경우 도시의 맥락과 같이 호흡할 수 있다는 것이 큰 장점일 것이다. 대단위 단지 개발 이후 지어진 집합 주거가 가지고 있는 폐쇄성·획일성은 점점 문제점으로 부각되었다. 당시의 무분별한 양적 개발이 가지고 온 당연한 폐해라 할 수 있을 것이다. 단지를 구분짓는 확고한 경계는 도시의 가로 공간과의 단절을 의미하며 집합 주거와 도시 환경의 연계성은 점점 약해져만 갔다. 이러한 문제가 발생한 데에는 도시 주거지의 구조와 주거 유형이 상호 연계된 채 개발되는 것이 아니라 독립적 생활공간으로만 고려되어 왔다는 것이 가장 큰 이유가 될 것이다.

블록형 아파트의 경우, 그 저층의 형태가 기존의 도시 조직 및 경관을 크게 해치지 않은 상태로 개발되어졌다. 기존 시가지의 형태를 그대로 받아들인 채 삽입된 건물의 형태는 도시의 연속성을 그대로 유지시켜 준다. 기존의 도시와 맥락을 같이하면서도 개성 있는 생활공간을 창출할 수 있다는 점에서 그 의미를 다시 생각해 볼 수 있다.

이러한 유형은 가운데 중정을 품으면서 외부로는 자연스럽게 경계 영역을 형성한다. 그 안에서 거주민들은 하나의 공동체를 형성하게 되고 모여 살기의 의식을 더욱 강화할 수 있다. 대단위 개발 방식이 비난 받는 이유 중 하나는 비인간적이며 획일화된 도시 커뮤니티에 있을 터다. 예전 우리에게는 '마을'이 있었고 '우리'가 있었다. 그것은 우리네 모여 살기가 삶의 중요한 요소였음을 보여 주는 것이다.

중정은 그 모여 살기에 있어서 직접적인 접촉의 장소다. 주민의 공공 영역이자 주민만의 사적 영역인 곳이다. 그곳은 물리적 구심점을 넘어선 심리적 중심이다. 자연스레 형성된 커뮤니티는 도시 공간 속에서 새로운 삶의 모습을 제시해 준다.

〈동대문아파트〉, 〈원일아파트〉, 〈현대아현아파트〉, 〈안산맨숀〉 그 밖의 많은 도심 속 아파트에는 시간을 초월한 이야기가 있었다. 복도에 나와 같이 빨래를 널면서 나누는 이야기들, 같이 김치를 담그며, 청소를 하며 나누던 이야기들, 화분에 물을 주며 나누던 이야기들이 다 그곳에 있다. 도심의 삭막한 생활 속에서 만들어진 인간적인 규모의 생활공간은 모두의 공간이자 나의 공간이었다. 이러한 이야기는 주거지를 더욱 풍요롭게 만드는 요소일 것이다.

III

아파트 들여다보기

최초의 아파트인 〈종암아파트〉 (1958)에 관한 자료는 많지 않다. 지어질 당시만 해도 5층 건물은 주변에 비해 높아 보였을 것이다.

01 최초의 아파트, 그 흔적 찾기 〈종암아파트〉

1958년 우리나라 최초의 아파트인 〈종암아파트〉가 성북구 종암동 언덕에 들어섰다. 1993년 그 자리에는 더 높은 구조물인 〈선경아파트〉가 자리를 차지하게 되고, 〈종암아파트〉는 흔적도 없이 사라졌다.

최초의 단지 아파트로 1962년에 완공된 〈마포아파트〉는 건축적 가치에서뿐 아니라, 단지의 규모가 크고, 획기적인 계획 개념을 도입해서 오래도록 건재한 채 남아 있을 것으로 예견되었다. 하지만 넓은 대지에 비해 낮은 용적률로 인하여 개발의 사업성이 높아짐에 따라 그 역시 재건축으로 온데 간데도 없이 사라지고 말았다. 현재는 〈마포아파트〉 단지 전체가 〈마포 삼성아파트〉로 깔끔하게 완전히 탈바꿈되어 버렸다.

아파트의 시작

건물의 수명과 사용연한에 관련하여 크게 비교될 수 있는 외국의 사례 중 독일의 경우를 볼 수 있을 것이다. 독일의 초기 집합 주거들은 꽤 오래도록 건재하다. 대부분의 20세기 초에 건설된 프랑크푸르트Frankfurt am Main 시의 북서편에 위치하고 있는 에른스트 마이Ernst May의 집합 주거 단지들이 그렇고, 미스 반 데 로에Mies van der Rohe 외에 많은 근대 건축가가 참여해 설계한 슈투트가르트Stuttgart 시의 '바이센호프지들룽Weissenhofsiedlung' 역시 현재까지도 잘 사용되고 있다. 이들 주거 단지들은 건축적 가치와 주거 공간으로서의 효용성을 굳건히 지속시키고 있고, 이들의 커뮤니티 공간은 그대로 생명력을 유지하고 있다.

우리의 집합 주거는 어떤가. 안타깝게도 그 모습이 남아 있기는커녕 기록조차 남겨져 있지 않은 경우가 허다하다. 최초의 아파트라 불리는 〈종암아파트〉 역시 예외는 아니다.[1] 미약하나마 남아 있는 자료 중 하나는 당시 〈종암아파트〉의 준공식에 대해 이야기하고 있다. 당시 준공식은 장안의 대단한 화젯거리였으며, 이승만 대통령 내외 및 여러 장·차관들이 참석할 정도로 떠들썩했다고 한다. 특히 당시 연탄 보일러와 실내로 들어온 화장실은 주거 생활의 대단한 기술적 진보였으니 사람들에게 얼마나 획기적으로 받아들여졌을지 가늠할 수 있다.

〈종암아파트〉가 지어질 당시의 사회는 근대화·산업화의 물결이 한창인 때였고, 건축에 관련된 정책·제도·기술·재료 분야에 있어서도 그 흐름은 같이하고 있었다. 한국 사회가 일제 강점기를 거치면서 일본이 중심이 된 근대화로 새로운 건축 양식들과 주거 유형이 조금씩 시도되기는 했지만, 이는 우리의 문화와 생활을 이야기하기에는 건립 주체와 생활의 중심이 일본인이었던 데에서 그 한계가 있다. 해방 이후 엄청난 사회 변화를 경험하면서 주거의 문제는 점점 더 중요해져 갔다. 1950년에 한국전쟁이 발발하고 더 큰 변화를 맞이하게 되었다. 전쟁 이후 주택의 부족은 우리 사회에 있어서 그 심각성을 더해만 갔고, 당시 국내의 상황은 많은 양의 주거를 한꺼번에 지을 수 있는 방법을 찾기에 몰두했다. 전후 복구 사업과 함께 재건 주택, 부흥 주택, 희망 주택 등이 본격적으로 지어지면서 표준화를 통한 주거의 대량 공급의 가능성이 보이기도 했다. 그러나 부족한 주거의 문제를 해결하기에는 아직은 기술적인 한계가 있었고, 합리적이고 기능적인 도시적·건축적 계획이 부재했었다. 여전히 주택은 목조와 흙벽돌을 이용하여 많이 짓는 상태에 불과할 뿐, 계획과 기술에 있어서 질적인 변화를 보여주지는 못했다. 당시의 열악한 주거 건축 산업의 실상은 유엔군 사령부UNC/한·미 경제위원회OEC 주거정책 위원인 해리 스테피Harry M. Steffey[2]에 의해 잘 서술되었다. 그는 한국 주거의 문제점은 다른 많은 문제들과 연관되어 있다고 하면서 주거 문제의 주된 이유로 기본적인 건축 재료가 부족하고, 잘 훈련되고 조직화된 주거 건축 산업이 이루어지지 못하고 있으며 일반인이 주거 구입에 필요한 자금을 얻기 위한 금융 시스템이 확보되지 못하고 있는 점 등을 지적하였다.[3]

1957년에 이르러서 주거 건축은 하나의 전환점을 맞이하게 된다.

1950년대까지 철근 콘크리트로 지어진 주요 건축물. 왼쪽부터 〈경성스포츠센터〉의 수영장 스프링보드, 〈경성YMCA〉, 〈USIS 빌딩〉.

새로운 재료와 기술을 사용하여 만들어진 5층짜리의 집합 주거 건물이 성북구 종암동 산자락에 지어진 것이다. 이 시기를 기점으로 아파트라 불리는 주거의 형태는 서울의 곳곳에 들어서게 되었고, 그것이 바로 〈종암아파트〉다.

그러나 앞에서도 밝혔듯이 〈종암아파트〉는 이미 그 흔적이 남아 있지 않다. 우리의 생활에 가장 많은 영향을 주고 있는 아파트. 그것은 누구도 부인할 수 없는 사실이 되었다. 그럼에도 그 시작에 대해 모르고 있다는 것은, 모를 수밖에 없다는 것은 참으로 안타까운 일이다. 단지 "존재했었던" 아파트라고 이야기되기에는 〈종암아파트〉가 건축과 주거의 역사에서 가지는 의미는 크다. 근대화를 반영하는 새로운 주거의 형태로서, 익숙하지 않았던 재료와 기술을 사용하여 지어진 아파트, 그것이 이루어지기까지의 배경과 시행착오, 건축적 계획과 형태……. 그냥 지나쳐 보내기에는 우리에게 너무나도 많은 궁금증을 안겨 주는 아파트이다. 그러한 궁금증이 〈종암아파트〉의 흔적을 더듬게 한 시발점이다. '최초'에 대한 기억, 그 이야기를 하고자 한다.

중앙산업주식회사

〈종암아파트〉의 흔적을 찾으면서 첫 번째로 이야기될 수 있는 것은 당시 〈종암아파트〉를 건설한 업체인 '중앙산업주식회사'[4]다. 중앙산업은 시공, 주거 개발과 전기 산업뿐만 아니라 건축 재료 생산 및 유통 사업과 같은 폭넓은 건설 사업과 연계해서 1946년에 창설되었다.

중앙산업의 콘크리트 산업이 발전한 데에는 당시 정부의 재정 후원을 받을 수 있는 산업이었던 이유도 크다. 한국전쟁 후 모든 삼림은 황폐해지고 나무를 살리는 것은 국가적인 차원의 일이었다. 당시 이승

〈종암아파트〉와 중앙산업 종암동 공장의 전경.

만 대통령과 그 정부는 삼림과 숲을 조성하기 위해 목재를 이용한 집짓기를 가급적 자제하고자 했고, 그러한 이유로 콘크리트 건설 재료 생산과 시공을 정부 차원에서 지원하게 된 것이다. 이러한 정부 후원을 바탕으로 중앙산업은 콘크리트 건설 재료 생산라인을 구축할 수 있었다[5].

〈종암아파트〉 건설 이전부터 중앙산업은 한국 내에 주둔해 있던 미군의 막사나 보관 창고와 같은 건설 현장에 재료를 공급하기 시작하였다. 콘크리트 블록으로 지어진 건물들이 완성되고나서부터 일반인들에게 콘크리트 블록이 신뢰할 수 있는 건축 재료로서 받아들여지기 시작하였다. 같은 시기에 국내 전기 공급을 위한 교통·통신부의 전신주 교체 사업에 콘크리트 전신주도 함께 승인 과정에 있었고 콘크리트 흄관으로 대체를 필요로 하는 수로 및 하수관 공사도 추진되고 있었다.

이처럼 급속한 콘크리트 관련 제품에 대한 인식과 수요의 변화로 다양한 콘크리트 관련 제품이 생산되기에 이른다. 중앙산업에서 생산하였던 건설 관련 제품으로는 콘크리트 벽돌 블록, 콘크리트 전신주, 콘크리트파이프, 콘크리트 포석 블록과 프리캐스트 콘크리트 보 등이 있었다.

콘크리트 관련 제품 외에도 중앙산업은 합판, 가구, 문, 창문, 목재 바닥 타일을 생산하는 목재 공장을 갖고 있었다. 합판 생산을 위해 독일 프르스투가르트 사의 합판 생산 기계를 수입하였고 연평균 167만 400장의 합판을 생산할 수 있었다. 이들 합판은 90센티미터×180센티미터×두께 9밀리미터 크기로 규격화되었다. 다른 부품으로 문과 창문도 또한 대량생산되었다. 이런 표준화된 문과 창문은 〈종암아파트〉를 포함하여 다른 중앙산업의 주거 건축물에도 사용되었다.

다양한 콘크리트 관련 제품의 생산과 함께 아파트 건설에 필요한 창호, 문짝 등의 표준화된 건설 자재의 생산은 합리성과 효율성을 요구하는 고층 집합 주거의 건설에서 매우 중요한 조건이 된다.

당시 중앙산업은 외국 기업, 외국 기술자와 활발한 교류를 하고

중앙산업에서 생산한 콘크리트 블록과 프리캐스트 콘크리트 보.

있었고 이것도 그들의 기술력을 향상시켜 주는 원인이었다. 중앙산업은 특히 미국, 독일과 사업상 매우 가까웠다. 회사의 대부분의 기계들이 독일과 미국, 덴마크로부터 수입되었으며 이들 기계 중에는 미국 콜롬비아 사의 벽돌과 블록 기계 3세트, 독일 베토마Betoma 사의 전신주 기계 6세트가 있다. 많은 기계가 특히 독일의 회사와 독일에 있는 해외 지사로부터 수입된 사실로 미루어 중앙산업이 독일과의 관계를 지속했음을 알 수 있다. 특히 전신주의 승인 과정에서 중앙산업은 생산에 필요한 기술 자료가 필요했고, 독일인 기술 자문인 마이어Mr. Meier로부터 조언을 얻었다. 마이어의 자문이 꾸준히 계속되었던 것은 당시 회사 종사자나 사진 자료, 그를 기념하는 흉상 설치 등에서 확인할 수 있다.

중앙산업은 콘크리트뿐 아니라 합판, 나무 창틀 등을 생산하는 공장을 운영했다.

당시 건설회사가 충분한 직원을 고용할 수 없었기 때문에 건설회사는 일정기간 동안만 작업을 위해 구성된 노무자를 조직화하고, 그 팀의 리더를 고용했다. 회사는 리더에게 임금을 지불하고, 리더가 직접 자신이 채용한 건설 노무자에게 임금을 지불하는 식이었다. 그렇기에 시공 기술이 체계적으로 발전하기에는 한계가 있었다.

〈종암아파트〉에서 시공과 관련된 하나의 특이점을 발견할 수는 있다. 바로 금속 비계 파이프가 사용되었다는 점이다. 1967년에 완공된 13층 규모의 〈세운상가〉 신축 공사에 나무 비계를 이용했던 것[6]과

〈종암아파트〉를 배경으로 하여 기술 자문위원 마이어(가운데)와 함께.

〈종암아파트〉는 금속 비계를 사용해 시공되었다.

비교해서 〈종암아파트〉는 매우 일찍 금속 비계를 사용하였음을 알 수 있다. 이러한 새로운 시공법은 초기의 집합 주거 건설에서의 획기적인 시도이다.

근대 주거 건축의 계획

1950~60년대에 지어진 아파트 건축에서 그 설계자가 밝혀진 경우는 매우 드물다. 특히 1970년대 초까지 공영주택이 아닌 일반 민간업체 혹은 개인 사업자에 의해 건설된 아파트의 건축설계자가 확인된 경우는 아직 발견되고 있지 않다. 그러니, 그 계획적 의도와 배경을 파악하는 일은 사실 매우 어려운 일이다. 다만 작은 실마리들을 찾아내고 찾아내어, 그것을 통해 당시의 이야기를 조심스레 유추해 볼 뿐이다.

〈종암아파트〉의 건축 계획은 당시 중앙산업의 주거 개발을 총괄 담당하던 정해직이 맡았다. 한때 그가 가장 서구적인 라이프 스타일을 보여 주던 〈조선호텔〉[7]의 총책임자였다는 사실은 〈종암아파트〉의 흔적을 찾아가는 데 있어서 간과할 수 없는 부분이다. 그는 한국전쟁 후 중앙산업에서 일하기 전 몇 년 동안 일본에서 지냈으며, 그 후 중앙산업에 발탁되어 중앙산업의 주거 건축을 책임 맡게 되었다. 그 외에도 잘 알려져 있지 않았던 건축가 변성호와 중앙산업의 기술 자문역인 마이어가 건축 계획에 관련된 자문 혹은 계획에 직접 참여했으리라 보지만, 구체적인 기록이 없으니 추측으로 남겨질 뿐이다.

종암동 산자락 위[8]에 놓인 〈종암아파트〉는 산을 등지고 개천을 바라보는 형국이다. 마치 전통적인 주거 배치와 같이 산에 앉혀진 모습은 사뭇 인상적이다. 4~5층의 높이의 3개의 긴 계단식 건물이 경사진 대지를 그대로 따라 남쪽을 바라보며 서 있었다. 외부 공간에 있어

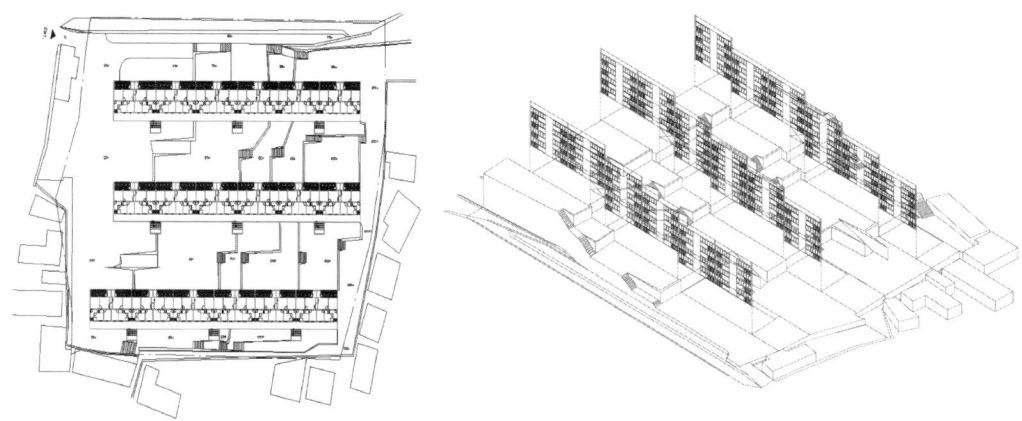

〈종암아파트〉 배치도.

계단식 대지 위에 놓인 〈종암아파트〉의 중앙 기단부와 입면.

서도 건물을 따라 길게 늘어선 계단식 마당과 접근통로가 직각으로 교차되어 있어 경사 대지를 그대로 받아들여 주고 있다. 이후의 개발에 의해 들어서는 대부분의 아파트들이 산과 지형을 깎아가며 지어졌던 것과 비교하면 세심한 계획적 고려가 보인다.

〈종암아파트〉를 자세히 들여다보면, 근대적 주거 건축의 특징을 하나하나 찾아 볼 수 있다. 지붕의 형태를 보면, 당시의 문화 주택, 부흥 주택, 희망 주택 등에서 발견되는 경사 지붕이 아닌 완전한 슬래브 구조를 취하고 있다. 입면에 있어서는 남측과 북측 입면 모두 수평적이고, 굴뚝과 계단 난간들은 이와 대비를 이루도록 수직적인 리듬을 갖고 있다. 이러한 수직성과 수평성의 잘 짜인 조화는 디자인 측면에서 매우 이례적일 만큼 정돈되어 있어, 서구 근대 집합 주거의 기능적, 형식적 디자인과 유사한 특성으로 읽혀진다. 또한 아파트의 난간과 창문 프레임의 깔끔한 디테일로 인위적으로 치장하려 한 어떠한 장식도 없다. 건물의 단순한 입면, 단순한 디테일, 완전한 장식의 배제, 백색의 사용 등에서 더욱 뚜렷하게 새로운 주거 건축의 모습을 볼 수 있다.

〈종암아파트〉는 북쪽의 계단으로부터 접근하는 중복도형으로 복도를 따라 늘어선 단위 평면들은 두 개가 한 쌍이 되어 서로 대칭이 되도록 계획되었다. 따라서 현관도 둘 씩 쌍으로 인접해 있고, 온돌 공간과 물을 사용하는 공간 등이 영역으로 구분되어 있다. 이러한 일자형 복도와 계단실형의 조합은 서구의 근대적 주거 건축에서 많이 보이는 유형이다. 〈종암아파트〉의 평면 계획을 가만히 보고 있으면 네덜란드 로테르담의 〈베르그폴데르Bergpolder 아파트〉의 단위 평면[9]과 유사한 부분을 찾아볼 수 있다. 횡복도형의 긴 건물 평면 내에 각각의 단위 평면을 일렬로 배치하고, 단위 평면 내의 평면에서는 현관에 가깝게 화장실과 부엌 공간을 둔 점, 이들 서비스 공간의 반대편에 거실을 위치시킨 점, 두 침실의 배치, 발코니의 적극적인 활용, 유동적인 공간 활용flexibility을 위한 거실 미닫이문 계획 등을 볼 수 있다.

하나의 단위 평면은 2개의 침실과 한 개의 거실, 부엌, 창고가 있

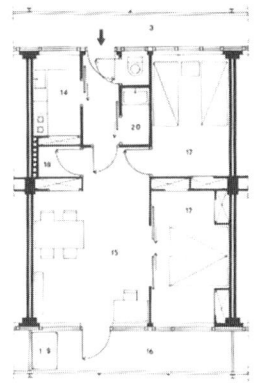

〈베르그폴데르 아파트〉의 유닛 평면, 로테르담(Brinkmann, Van der Vlugt and Van Tijen, 1934).

남쪽에서 본 〈종암아파트〉.

〈종암아파트〉 입면도.
아파트 입면을 통해 경사진 지형에 대한 고려를 엿볼 수 있다. 지형에 따른 배치는 리듬감 있는 입면을 만들어 냈다.

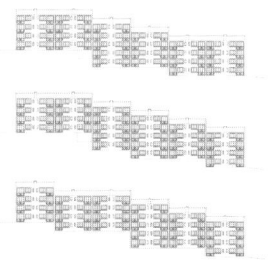

최초의 아파트, 그 흔적 찾기 〈종암아파트〉

는 발코니와 화장실로 구성되었다. 침실들은 온돌을 설치하기 위하여 나머지 실들과 다른 높이의 바닥을 가지고 있다. 이러한 단 차이로 인해 온돌이 설치된 침실 공간과 나머지 공간은 완전히 구별되었다. 그리고 거실과 부엌은 작은 통로 공간을 사이에 두고 있으며, 현관으로 열리는 화장실 문은 다른 방들과 독립되어 있다. 이러한 계획은 각각의 방들 간의 개개의 기능과 독립성을 확실히 보장해 주고 있다. 이외에도 서구적인 벽장, 부엌 싱크대와 수세식 좌변기가 새롭게 소개되었다. 특히 수세식 좌변기는 국내에서 처음으로 설치된 것으로 볼 때 〈종암아파트〉의 또 다른 의미를 읽을 수 있다.

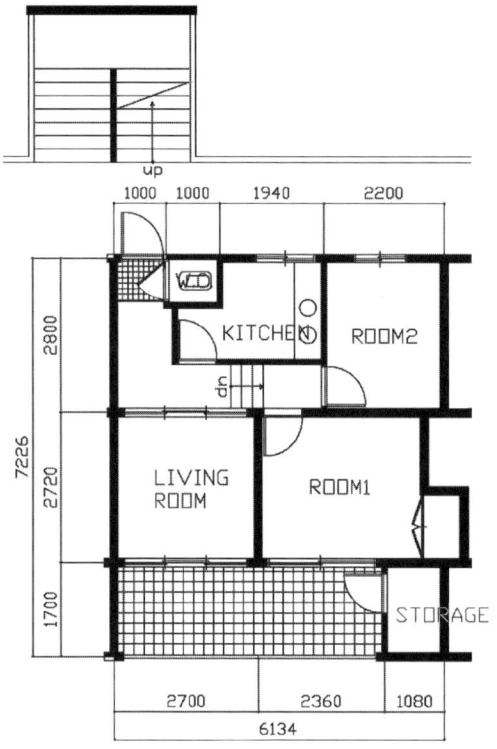

〈종암아파트〉의 단위 평면. 수세식 좌변기가 설치되었고, 온돌 침실의 바닥은 높았다.

〈종암아파트〉 평면이 가지는 또 하나의 근대적 의미는 단위 평면의 반복 사용이라는 점에 있다. 이후 중앙산업이 건설하였던 〈개명아파트〉에서도 똑같은 단위 평면이 반복적으로 사용된 점을 발견할 수 있다. 단지의 배치와 주동의 형태, 구조와 재료가 다름에도 같은 평면이 그대로 사용되고 있다는 것은 당시 표준화와 대량생산이 근대화 과정과 맞물려 주요한 의미를 가지고 있음을 보여주고 있다. 이후 아파트 개발이 활성화하면서 전형적인 아파트의 평면은 계속적으로 확장되게 된다.

그러나 〈종암아파트〉는 근대적인 주거 계획이었음에도 과거의 전통적 공간의 느낌은 조금씩 남아있다. 그 계획안에서 몇 가지의 전통적 요소를 찾을 수 있었다. 온돌마루에 의한 바닥의 고저 차를 통해서 전통 건축에서 보이던 마루 공간과 마당의 공간적 위계가 느껴진다. 이러한 고저 차는 의외의 장면을 연출한다. 단이 높은 안방에서 발코니를 통하여 외부를 바라보는 공간감은 마치 마루에 걸터앉아 마당을 내려다보던 우리네의 전통적 시각과도 닮았다.

〈종암아파트〉 흔적 찾기와 그 의미

〈종암아파트〉가 지어지기 전인 1920년대 말부터 이미 철근 콘크리트 건축물이 급격히 증가하고 벽돌 공장은 1910년대 후반에 대량생산 체계가 확립되었다. 하지만 실제 주거 건축에서 본격적으로 대량생산 체계로 만들어진 콘크리트 및 관련 제품을 사용하게된 것은 〈종암아파트〉에 이르러서이다. 특히 대량생산된 콘크리트 관련 제품 외에도 창문, 문, 그리고 수세식 변기 등의 완제품을 직접 주택건축에 사용하였다. 〈행촌아파트〉의 경우 한미재단에 의한 원조 기술로 시공이 가능하였으나 〈종암아파트〉에서는 중앙산업의 독자적인 추진에서 비롯되었다는 데서 그 의미는 더욱 크다.

    개발 규모로 보아서도 〈종암아파트〉는 당시로서는 큰 규모의 집합 주거[10]였다. 〈종암아파트〉와 비교해 볼 수 있는 당시의 아파트로서는 〈행촌아파트〉 136세대[11], 〈개명아파트〉 75세대[12] 가 있다. 주택 단지로서의 규모, 입주자와 분양 형식 등은 이후의 아파트 개발에 절대적인 전형을 이루고 있다.

    낡은 자료를 들추어 찾고, 그 시대를 지켜본 사람들을 만나고, 이제는 없어진 그것을 디지털로 컴퓨터에 재현하고, 부분 부분을 들여다보면서 〈종암아파트〉의 흔적을 찾아보았다. 급속히 진행된 근대화 과정에서 도시 곳곳에 지어진 아파트는 50여 년이 지나오도록 우리의 주거 문화를 지배해 오고 있다. 그러나 그 역시 우리의 사회상과 의식을 반영한 결과물이자 삶의 모습이다. 그 시작을 안다 해서 우리의 삶이 크게 달라지지 않을 수도 있다. 그러나 이러한 흔적을 통해 사회와 주거 건축과의 관계를 다시 한 번 돌아보면, 그 안에서 숨어 있던 노력과 시행착오는 앞으로 내딛는 한걸음에 중요한 밑거름이 될 것이다.

위에서 내려다본 〈충정아파트〉 (1930) 중정. 여러 가지 요소가 혼재되어 있는 중정은 그 험난한 시간의 흐름을 보여 준다.

02 가장 오래된 역사의 산증인 〈충정아파트〉

얼마 전 TV에서 최신식 아파트와 최고령 아파트를 비교하면서 〈충정아파트〉를 취재한 프로그램을 보았다. 몇 분밖에 안 되는 아주 짧은 시간이었지만 퍽 반가웠다. 사실 〈충정아파트〉는 현존하는 가장 오래된 아파트로서 그 의미가 크지만, 잘 알려지지 않았다. 일제강점기 일본인에 의해 지어졌기에 한국의 아파트 역사에서 한발 떨어져 있기 때문이 아닐까. 하지만 지금 보면, 그곳은 영락없는 우리네 삶의 공간이면서 동시에 그 오랜 팔십여 년 동안 한자리를 지켜 오면서 세월의 흔적을 고스란히 지닌 역사의 현장이다. 최초의 아파트도, 심혈을 기울여 지었던 단지형 아파트도 30년을 버티지 못한 오늘, 〈충정아파트〉는 '도요다아파트'에서 '유림아파트'로 그 이름이 바뀌면서도 꿋꿋이 살

〈충정아파트〉의 최근 모습. 버스에서 내리면 바로 볼 수 있는 아파트지만, 누구도 쉽게 그것이 아파트라는 것을 알아차릴 순 없을 것이다.

아남았다. 그렇기에 그 시간의 무게가 더하다.

일제강점기의 집합 주거와 '아파트'

우리나라 아파트의 출발점에 대한 의견은 분분하나 실질적인 시작은 1958년 〈종암아파트〉[13]의 완공부터라고 할 수 있다. 하지만 아파트라는 용어와 건축 형식은 이미 1920년대 중반 이후부터 소개되기 시작하였다.[14] 그러나 당시 지어진 건축물들은 주로 일본인에 의해 건설된 2~4층 규모의 기숙사, 호텔 등이었기에 한국의 근대 도시 주거의 시작이라 보기는 한계가 있다. 그럼에도 서구의 집합 주거 형식을 기반으로 한 주거 형식과 아파트라는 이름을 사용했다는 데서 그 의의를 찾을 수 있다.

　20세기에 접어들어 개항과 함께 시작된 근대화의 물결 속에 주거 문화도 그 변화의 흐름을 비껴갈 수는 없었다. 전통 주거와 서구 공동 주거가 만나면서 전통 주거의 일부인 행랑채가 일렬로 배치된 행랑식 공동주택이 나타났고, 주택 구제회의 간편 주택, 일본식 공동주택의 형태를 지닌 나가야長屋가 조선식으로 변형된 부영 주택府營住宅[15]이 등장했다. 1920년대 이후 도심지의 인구 증가와 이에 따른 주택난 해결이 시급한 문제였는데, 단독주택에 비해 거주자를 더 많이 수용할 수 있는 공동 주거 유형인 부영 주택과 간편 주택은 주거 문제의 해결책으로 이용되었다.[16]

　전쟁 물자 수탈을 위해 일제가 건설한 경의선과 경부선 등의 철도역과 주변 번화가를 중심으로 들어선 고급 호텔 역시 아파트를 비롯한 공동 주거 유형의 보편화에 중요한 역할을 담당했다. 일제강점기 철도가 한반도 경제·문화의 성장에서 중심 역할을 하면서 주변에 여러 고급 호텔이 건립되었다. 이러한 고층 숙박 시설은 국내에 서양식 공동 주거를 소개할 뿐 아니라 이후 공동 주거의 모델이 되었다.

　1927년에 이르러서는 하숙이나 여관의 형태를 벗어난 본격적인 아파트 형식의 주거로 추정되는 〈경성 합동관사〉가 당시 국내에서 발간되는 유일한 건축지였던 《朝鮮と建築(조선과 건축)》에 소개되었다. 2층 건물이지만, 여러 개 주거 유닛이 상하좌우로 놓여 있어 집합 주택의 형태를 보인다.[17] 이후 1930년을 기점으로 서울뿐만 아니라 지방 각지에서도 아파트 건립이 추진되면서 아파트라는 주거 유형은 점점 자리를 잡아나갔다. 그 당시 지금은 '충정아파트'로 불리는 〈도요다豊田아파트〉(1930), 〈경성 미쿠니 상회三國商會아파트〉(1930), 〈함흥아파트〉(1932), 〈아즈마東아파트〉(1934) 등이 일본인 혹은 일본 기업의 자본을 통해 계획되거나 실제 건립되었다.[18] 이로 인해 초기 수요는 대부분 일본인 중심이었으나, 점차 조선인 수요가 늘어나면서 국내에 서양식 공동 주거 유형이 보편화하기 시작했다.

적층된 시간의 켜

일제강점기인 1930년에 지어진 〈충정아파트〉는 소유주였던 일본인 도요다 다네오豊田種松의 이름을 따서 '도요다아파트'라고 불렸다. '도요다'를 한자음으로 읽어 '풍전아파트'라고도 했었다. 이전의 공동주택들이 대부분 관사나 기숙사 형태고, 3층을 넘지 않았던 데 반해, 〈도요다아파트〉는 일반인을 대상으로 한 4층의 철근 콘크리트 건물이라는 점이 달랐다.

높은 건물이 별로 없던 상황에서 4층의 〈도요다아파트〉는 꽤 큰 건물이었다. 지하 1층, 지상 4층에 연면적 1,050평이니, 건립 당시에는 〈반도호텔〉과 함께 대표적인 건물로 손꼽혔다. 팔십여 년이 지난 지금, 버스정류장 옆의 초록색 건물을 보면서 〈도요다아파트〉라 불리던 화려한 과거를 상상하겠는가. 두껍게 덧칠해진 초록색 페인트 아래 여든 살 넘은 타일이 숨어 있음을 누가 알겠는가.

〈도요다아파트〉는 그 자리에서 한국의 근현대사와 팔십여 년의 시간을, 그 질곡의 역사를 함께하면서 '도요다'에서 '유림'을 거쳐 〈충정아파트〉가 되었다.

그 시간만큼이나 많이도 변했고, 많은 사람이 거쳐 갔다. 호텔로 용도가 변경되면서 소유권이 동아기업으로 넘어가기도 했던 〈도요다아파트〉는 해방 직후 일본인이 빠져나가면서 해외에서 귀국한 동포들에 의해 무단 점유되기도 했다. 그러다 한국전쟁이 발발했고, 서울을 점령한 북한군이 아파트 지하실에서 양민을 학살하기도 했다. 서울이 수복되자 이번엔 미군이 전시를 이유로 아파트를 거두어 가서 '트레머 호텔'이라 부르고 유엔의 전용 호텔로 사용하였다.

시대의 격랑에 휩쓸렸던 아파트는 한국전쟁이 끝난 후에는 또 하나의 웃지 못할 해프닝을 맞게 된다. 1959년 아들 6형제를 6·25때 모두 나라에 바친 아버지가 나타났다 하여 화제가 된 55세의 김병조라는 인물이 있었다. 현충일 행사에 6개의 유가족 기장을 가슴에 달고 있다가 이승만 대통령의 눈에 띄었고, 대통령은 그에게 내국인으로는 처음으로 가장 훈격이 높다는 건국 공로훈장을 수여했다. 이후 그는 연금을 타게 되었고 1961년에는 아파트를 불하받게 되었다. 4명이 전사한 가정은 있어도 6명이 전사한 가정은 없었던 미국도 이에 감격해 장교 아파트로 쓰던 건물을 순순히 한국 정부에게 양도한 것이다. 시가 5000만 원 정도였으니 하루아침에 벼락부자가 되었다. 그는 아파트 5층에 가건물을 설치하고 보수 공사를 한 뒤 '코리아관광호텔'로 이름을 바꾸고 사장이 되었다. 그러니 호텔과 김병조는 사람들에게 화젯거리일 수밖에 없었다. 그러나 채 1년도 지나지 않아, 모든 것이 거짓이었음이 드러났다.[19]

그는 구속되었고 이 건물은 사세청(현 국세청)이 몰수해 또 한 번 주인 없는 건물이 되었다. 이후 내과 병원을 경영하던 장동현의 부인 최이순 명의로 되었다가, 관리 부실로 유인옥에게 넘어갔고, 이후 1975년 다시 서울은행 소유가 된다. 이 과정에서 '도요다아파트'는 '유림아파트'가 되었다.

결국 주민들의 요구에 따라 5년 상환 조건으로 주민의 손으로 넘어가게 되어 아파트는 자리를 찾아가는 듯 했다. 하지만 이게 끝은 아니었다. 1979년 아파트 전면의 도로가 8차선으로 확장되면서 예정 도로에 포함되어 있던 건물의 일부가 잘려 나갔다.[20]

최초의 아파트 「儒林」 일부철거
道路 확장에 밀려…… 30년에 건립

우리나라에서 제일 먼저 세워진 儒林「아파트」(서울 西大門區 忠正路3街 250의 6)의 일부가 忠正路 확장공사로 헐리고 있다. 1930년 일본인 「도요따」씨 (豊田種松)가 세워 「도요따·아파트」로 불린 이 건물은 4층에 연건평 1천50평. 현재 이 「아파트」에는 52가구가 입주해있으나 이 가운데 길 쪽의 19가구가 헐려 도로에 편입된다. 지금은 비록 볼품이 없지만 건축 당시만 해도 구 半島「호텔」(현재의 「롯데·호텔」자리)과 함께 우리나라에서는 손꼽히던 건물 중의 하나였다. 처음 「아파트」로 문을 열었다가 얼마 후엔 「호텔」로 바뀌었으나 손님이 적어 나중에는 「오뎅」집으로 전락. 해방될 무렵엔 귀국동포들에 의해 점거되기도 했고 6·25동란 때엔 북괴군이 점령, 서울 수복 후엔 미군이 인수해 「트레머·호텔」이라는 이름으로 「유엔」군 전용 「호텔」로 이용됐었다.[21]

신문에 기사가 났던 1979년에 아파트의 이름은 '유림'이었고, '충정아파트'라는 이름이 사용된 지는 약 20년이 조금 넘었다. 그 이름과 형태가 변화한 만큼이나 사람들이 바라보는 아파트의 이미지도 달라졌다.

"지금은 치안본부 건물이며 그 밖에도 고층 건물이 즐비하게 서 있어 보일 턱이 없지만, 그 때는 그냥 허허벌판 같은 황폐함 속에 4층짜리 그 건물이 제법 우람한 모습으로 보였던 것이다. 지금의 동아일보빌딩 바로 맞은편이다. 60년대만 해도 한 층을 더 올려 5층 아파트여서 그런대로 볼 만한 건물 같았지만, 이즈음은 원체 고층 빌딩이 주위에 들어서서 형편없이 짜부러져 있고, 빈민 아파트 냄새가 물씬 난다." [22]

그 안에 감춰진 이야기들

그 역사적 의미에도 불구하고 〈충정아파트〉에 대한 자료는 쉽게 찾을 수 없다. 담당 구청에서조차 기본 도면 등 관련 자료를 보유하고 있지 않아 건립 당시뿐 아니라 현재까지의 변천 과정까지도 정확한 자료를 찾을 수 없다. 거주자 인터뷰 조사로 1980년도 이후 역사를 짐작해 볼 뿐이다.[23]

"30년 전에는 유림아파트라고 불렀다. 그 당시에는 5층 건물에 엘리베이터 시설이 있는 고급 아파트였다."

"내가 20년 전에 이사를 왔는데, 이사 오기

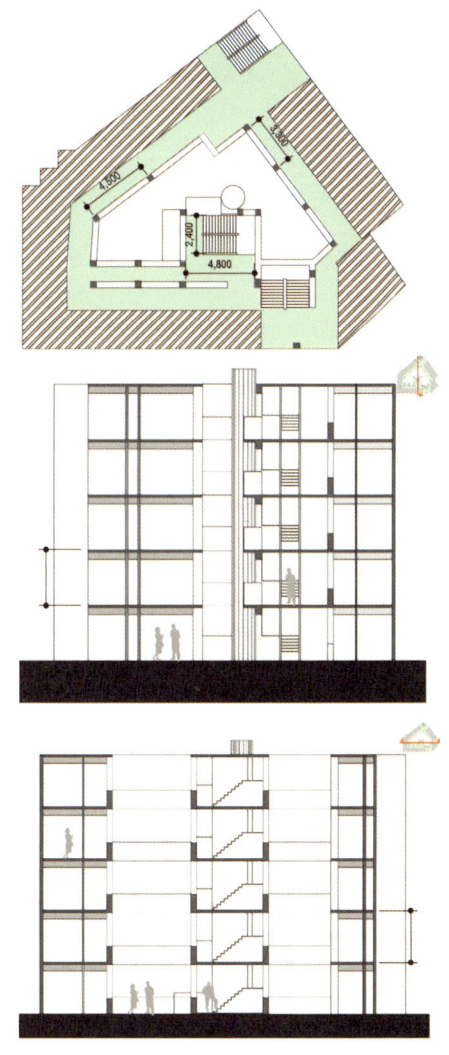

기준층 평면도(중정 공간 실측). 가운데 아래쪽의 이중 복도와 엘리베이터가 잘려 나간 오른쪽 아래의 넓은 복도가 인상적이다.

〈충정아파트〉의 종단면도와 횡단면도(중정 공간 실측).

바로 전에 중정에 계단이 생겼다. 이 계단이 만들어진 이유는 충정대로 건설 당시 잘려 나간 건물의 부분 때문에·집의 면적이 작아진 이쪽 세대(건물의 전면에 면한 세대)들이 엘리베이터 공간과 복도를 개인적인 공간으로 확충하려는 의도로 복도랑 계단을 다시 만들려고 했다. 하지만 이 후 다른 세대 주민들의 불만으로 무산됐다. 그래서 여기 복도가 2개고, 중앙에 또 계단이 생긴 것이다."

"저(중정에 위치한) 굴뚝이 예전에는 중앙난방을 할 때 쓰였는데, 지금은 철거를 하려고 해도 그게 다 돈이라 그냥 놔두고 있다."

"이 아파트는 일본 사람들이 지은 곳이고, 그 영향을 가장 많이 받은 것이 굴뚝이다. 그 굴뚝이 일본식이라고 들었다."

"각 세대는 층마다 9호까지 있고, 그중에서 2~3호는 제일 작은 평수(약 7.5평)고, 1~6호는 16평정도, 7~8호는 27평, 9호는 30평 이상이다."

"70년대인가 80년대인가 아파트 앞의 마포로가 정비되면서 아파트가 잘려 나갔다. 그러면서 15평형이 잘려나가서 7.5평이 됐고 지금 가장 제일 작은 평수다."

이삼십여 년을 한곳에 살면서 들어오고 나가는 이웃과 한 시대를 살아온 주민들, 그들과 함께 그 자리를 지켜 온 사진관·식당·부동산. 그 분들의 짤막한 이야기들은 팔십여 년간 〈충정아파트〉에 무슨 일이 있었기에 이런 공간이 서울의 한복판에 자리하고 있었는지를 유추하게끔 하였다.

설령 〈충정아파트〉 옆을 지나친다 하더라도 이 건물이 팔십여 년의 시간을 그곳에 서 있었던 주거 공간이라고 짐작하는 사람은 흔치 않을 터. 아니, 아파트라는 것을 아는 사람도 거의 없을지 모른다. 처음 〈충정아파트〉를 찾아갔을 때, 버스에서 내려 한참을 두리번거렸다. 사실 아파트는 정류장 바로 앞에 서 있었지만, 그 초록색의 건물이 아파트라는 생각은 잘 들지 않는다. 작은 식당과 지물포, 사진관, 공인중개사, 꽃집 등이 일렬로 빼곡히 놓인 1층의 모습을 보면서 그 앞을 지나다니는 사람들에게는 색연필로 칠해 놓은 것마냥 선명해 보이는 초록색이 이채롭게 보이는 낡고 허름한 건물일 뿐. 그러나 단단한 껍질을 걷어 내면, 그 안에 의외의 공간이 자리하고 있다. 오랜 시간을 그대로 담고 있는 건물이다.

내부로 들어가 보면 비좁고 폭에 비해 상대적으로 높아 보이는

중정에서 올려다본 굴뚝. 지금은 사용되지 않지만 중정 내에서 그 존재감은 여전히 크다.

좁은 중정을 사이에 둔 내부.

중정을 내려다본 모습. 굴뚝, 계단, 설비 등 여러 가지 요소들이 혼재되어 있는 속에, 나란히 놓여 있는 화분들이 아기자기한 삶의 모습을 보여 준다.

공간 위로 하늘이 보인다. 그 주변을 화분이 듬성듬성 놓인 복도와 각 세대의 현관문들이 빼곡히 자리하고 있다. 그 오밀조밀한 공간이 지금은 좁아 보이지만, 당시에는 최적의 공간이었을지 모를 터. 그 안에서 서로 부대끼며 살던 자신만의 터전을 그 자리서 꿋꿋이 만들어 온 이들이 그곳에 있었다.

복도를 따라가면 여느 아파트에서 발코니에 식물을 키우듯, 중정으로 열려 있는 복도 난간마다 화분을 내놓은 모습을 볼 수 있다. 언뜻, 난간 디자인의 일부처럼 느껴질 정도로 화분으로 가득 차 있다. 중정 내부에는 주호마다 설치된 보일러의 연통이 중앙을 향해 나와 있고, 거대한 굴뚝은 중정의 일부를 차지하고 하늘을 향해 그 자리에 우뚝 솟아 있다.

복도를 거닐다 보니 좀 특이하다. 가운데 낮은 벽이 서 있어 복도가 둘로 나뉘어져 있다. 왜 넓은 복도가 둘로 나뉘었을까. 그리고 저 계단은 무엇인가.

어느 아주머니가 그 궁금증을 풀어 주셨다. 건물이 잘려 나간 부분의 거주자들이 방을 넓히기 위해 중정 쪽으로 복도를 좀 더 내고 복도의 계단을 철거하고 중정 쪽으로 계단을 새로 설치했던 곳이다. 하

복도를 바라본 모습. 누군가 난간 턱 위에 장독대를 빼곡히 올려 놓고 사용하고 있다.

〈충정아파트〉 안에서는 하늘이 작아 보인다.

지만 다른 거주자들은 반대하였고 결국 공사는 멈췄다. 그렇게 별로 크지 않은 〈충정아파트〉는 건물의 일부가 잘려 나가 그 규모가 더욱 작아졌음에도 기존의 계단과 새로이 만든 계단까지 모두 4개의 계단을 가지게 되었다.

　오래되었다. 지금까지 우리네 아파트들은 대략 서른 살을 넘기지 못했다. 사용성·경제성·거주성 등 많은 이유로 30년이 되면 으레 철거하고 재개발을 한다. 하지만 〈충정아파트〉는 팔십여 년을 그곳에 서 있다. 어둡고 좁은 복도, 벽의 얼룩과 균열은 이 아파트도 어느 날 없어질지 모른다고 암시한다. 하지만 그 작아 보이는 하늘에서 내려오는 햇빛과 그 햇빛을 받고 가지런히 놓인 생기 있는 화분, 그리고 친밀한 주민의 삶의 모습은 단단해 보인다.

　일본인에 의해 세워진 우리나라 최초의 아파트인 〈충정아파트〉. 긴 세월의 길을 외로이 걸어온 역사적인 건축물은 낡고 늙었지만 사람들의 삶으로 또 다시 단단해지면서 한자리를 지키고 있다.

〈장충단길 공동주택〉(1950년대 중반) 그 사이의 공간. 빨래가 널려 있고, 쌀통과 장독이 나와 있는 그곳은 공공 공간과 사적 공간이 공존하고 있다.

03 반세기 전의 전후 주거 〈장충단길 공동주택〉

엄밀히 말하면 아파트는 아니다. 법에서 말하는 5층 이상의 건물도 아니고, 단지의 형태를 취하고 있지도 않다. 그렇다고 연립주택이라고 하기엔 우리가 그동안 보아 오던 일반적인 그것과는 너무나도 다른 형태다.

    길 하나를 사이에 두고 마주보고 있는 3층 규모의 주택들. 철 대문을 열고 들어가면 나오는 또 다른 생활공간. 오랜 시간을 그 자리를 지켜온 듯한 모습. 그들의 모여 살기는 어디에서 시작된 것일까.

    그것은 해방 시기까지 거슬러 올라간다. 해방을 맞고, 한국전쟁이 발발하고, 그 와중에 갈 곳 없고, 내 몸 하나 뉘일 곳이 없었던 사람들. 격동의 시기를 거치며 이주해 온 피난민들은 서울의 곳곳에 자신들만의 자리를 잡았다. 많은 무허가 건물이 없어지고, 아파트가 들어섰다. 하지만 이곳은 개발되지 않았고, 시간이 흘러 주민들에 의해 재료가 덧붙여지고 보수되면서 공동주택의 모습을 갖추게 되었다.

주거 공간의 생명력

서울의 모여 살기를 구석구석 찾아다니고 조사하다 보면 전혀 예상하지 못한 곳에서 그것을 만나기도 하고 전혀 새로운 형태를 만나기도 한다. 〈장충단길 공동주택〉이야말로 예기치 못한 곳에 자리하고 있었다. 〈동대문운동장〉과 〈장충단 공원〉을 잇는 흥인문로 장충동 족발 골목을 한참 기웃거리며 둘러보았지만, 특별한 주거 공간이 있을 것이라 예견되는 그 어떠한 요소도 도로변에서 찾을 수 없었다. 그러다 작은 철 대문이 보였다. 여느 단독주택 철 대문 같이 보이던 그 문을 열자 기다랗고 깊숙한 골목길이 나왔다. 찬찬히 둘러보니 그 골목길을 마주하고 3층 규모의 건물에 각 세대들이 늘어서 있었다. 작은 공동주택 마을, 〈장충단길 공동주택〉이었다.

작은 철 대문을 열고 들어서면 한 마을에 들어서는 느낌과 더불

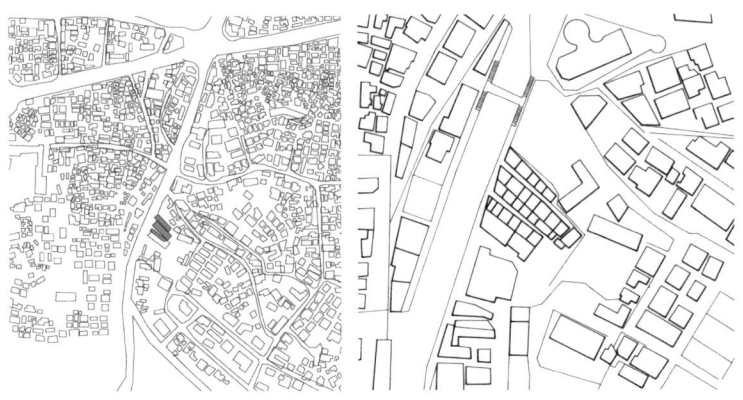

〈장충단길 공동주택〉 위치도와 배치도.

어 그곳의 공유된 공간을 경험하게 된다. 아침에 일어나면 공동의 화장실을 사용하면서 서로 마주치며 인사를 하고 이야기를 나눈다. 아이들이 학교에 간 후 아낙네들은 공용의 공간에 나와 같이 도란도란 이야기를 하며 일을 한다. 오후가 되서 아이들이 돌아오면 그곳은 시끌시끌 놀이터가 된다. 이러한 모습들은 매일 매일 아침저녁으로 펼쳐지는 그곳의 풍경이었다. 그러한 풍경이 50년 넘도록 주거 공간을 생명력 있게 유지시켜 준 것이 아닌가 싶다.

" 이 아파트는 누가 지은 것인가요?
" 피난민들이 지은거야."

할머니 한 분께 어떻게 이러한 공동주택이 생겼는지 여쭤 보았다. 해방 직후 이곳에 몰려든 피난민들은 무허가로 집을 지었다.

해방 이후 주거 상황은 일제강점기 시대부터의 경제적인 낙후와 물자 부족, 도시로의 인구 증가, 해외 동포의 귀국 등으로 인해 주택의 부족이 매우 심각한 상황이었다. 여기에 이러한 부족한 상황을 해결할 겨를도 없이 한국전쟁이 일어나 나라 전체는 폐허가 되었고, 이로 말미암아 한국전쟁 이후의 1950년대는 사회·경제적으로 매우 어려운 시기였다. 전쟁으로 인한 가옥 손실, 물자 부족과 도시로의 인구 이동 및 피난민의 주택 수요 때문에 주택 부족은 더욱 심화될 수밖에 없었다.

전쟁 후 해외 원조 물자에 의존하여 임시 간이 주택을 시작으로 집단 주거지를 형성했지만, 이것마저도 주택난을 덜어 주기에는 절대 부족하였다. 양적인 부족의 해결을 위해 1955년부터 미국 국제협조처(ICA, International Cooperation Administration)의 국제 원조에 의한 전후 복구 주거

〈장충단길 공동주택〉의 골목은 공유된 공간이다. 이야기 나누고, 일하는 곳이자, 아이들에게는 놀이의 공간이다.

년도	가구 수	주거 수	주거부족 수	부족률	호구평균 인구(명)	주거당 평균 가구 수
1953	195,829	135,832	59,997	30.6%	7.4	1.4
1954	230,716	146,397	84,319	36.5%	8.4	1.6
1955	260,712	159,856	100,856	38.7%	8.9	1.6
1956	276,714	176,164	100,550	36.3%	8.5	1.6
1957	304,853	188,812	116,041	38.1%	8.8	1.6
1958	323,894	198,877	125,017	38.6%	8.8	1.6
1959	386,217	215,758	170,459	44.1%	9.7	1.8
1960	447,089	260,399	186,690	41.8%	9.3	1.7
1961	486,697	273,547	213,150	43.8%	9.4	1.8

1950년대 서울시 주택 현황
(출처 : 서울시사편찬위원회 엮음, 《서울육백년사》 제5권, 1983, 712쪽 참조.)

공급을 시작으로 대한주택영단 및 서울시를 비롯하여 여러 공공단체, 금융 기관, 구호 단체 등에서도 주택을 지어 공급하기 시작했다. 이들 주택은 형태 및 자금의 출처 그리고 목적별로 부흥 주택, 국민 주택[24], 재건 주택, 희망 주택[25], 외인 주택[26] 등 다양한 이름으로 건설되었다. 단지 차원의 공동주택과 아파트도 들어서기 시작하였다. 이때 지어진 공동주택 단지로는 홍제동 부흥·국민·희망 주택, 숭인동 국민 주택, 이화동 국민 주택, 답십리 재건·국민 주택 등이 있으며, 아파트로는 〈행촌동아파트〉(1956), 〈종암아파트〉(1958), 〈개명아파트〉(1959) 등이 있다. 하지만 계속 한계는 있었다. 전쟁 이후 서울의 인구는 계속 늘어만 가고, 곳곳에 자리를 잡은 이주민들은 무허가 주택을 지어서 살게 되었다. 일제식민 통치와 한국전쟁이라는 역사적 사건, 1960년대 이후 산업화와 근대화를 거치면서 나타난 도시의 산물이다. 산자락 하천변, 철도변의 공유지를 점유하고 자신만의 거처를 만들 수밖에 없었던 상황은 대규모 무허가 건물을 양산했고, 장충동 일대도 그중 하나였다.

그러던 그곳이 삶의 공간으로 자리를 잡아서 근 오십여 년을 이어오고 있는 것이다. 사람들이 옮긴 시멘트와 벽돌로 하나의 공동주택이 탄생하게 된다. 그리고 도심의 가려진 곳에서 오랜 기간 동안 거주자들의 삶의 공간으로 그 생명력을 지켜오고 있다.

과거와 현재

길가의 조그마한 문. 대부분의 길을 걷는 사람들은 그냥 보통의 여느 주택쯤 정도로 생각하고 무심히 지나쳐 버리기 쉬운 그런 문이다. 하지만 문을 열고 들어서면 이미 한 동네 사람이 된다. 서로 공유된 공간뿐만 아니라 50년의 시간 또한 함께 공유한다. 즉 안에서 바깥으로 문을 열고 내다보면 건너 집이 보이고, 집을 나서면 곧바로 건넛집 부엌을 들여다볼 수 있는 곳이다.

> "나는 어릴 때부터 여기에서 살아 왔는데 그 당시 이 일대는 조그만 일본 집들이 많았다. 이 아파트 앞과 앞 길 건너가 죄다 그것들이었다. 동대문 있는 쪽은 다 도랑이었고 하수도 내려가는 물이었다. 그리고 한국 전쟁 때에는 여기 이곳이 시장이었는데 전쟁 이후에 피난민들이 여기가 값이 싸니까 조금 조금씩 각자 사서 집을 짓고 살다가 전쟁 끝나고 이런 주택들이 된 거다."

현재 〈장충단길 공동주택〉에 관해 남아 있는 자료들은 거의 없는 상태로 60대 할머니의 인터뷰를 통해 당시 상황을 유추해 볼 수 있다.

"이곳은 첨에는 무허가 가건물 식으로 해서 살다가 등기가 나중에 났다. 가건물에서 피난민들이 직접 가건물 모양 그대로 이렇게 콘크리트로 건물을 지은 것은 그래도 한 40년은 되었지 싶다. 이 역시 오래된 것이다. 그리고 이제는 전에 있던 사람들은 거의 다 나갔다. 예전에는 재미있고 그때 피난 와서 같이 살던 사람들은 다 괜찮았는데, 그런 사람들은 다 나가거나 죽고 없다."

실제 건축물대장을 확인해 본 결과, 이 건물들의 사용 승인이 난 것은 1968년 7월 6일이었다. 이때는 서울시의 무허가건물 양성화 사업이 시행되던 시기다. 양성화 사업은 1966년 실시된 '판잣집 실태 조사'를 통하여 파악된 불량 주택을 대상으로 하여 주민 스스로 거주 건물이나 주거 환경을 개량할 경우 합법 건물로 인정해 주는 사업 기법이었다.[27] 즉, 시에서는 최소한의 건설 자재만을 보호해 주고, 주민 스스로 집을 개량하여 합법적으로 인정을 받는 것이다. 이는 당시 무허가 건물을 정리하기 위한 시의 정책이었다.

무허가 건물을 철거하고 그 자리에 시민아파트를 건립하는 방법, 대단지를 조성하여 집단으로 이주시키는 방법, 현지 개량을 통한 양성화 방법 등이 그때 제시되었던 방안이었다.

그렇게 해서 양성화 지역과 철거 지역으로 나뉘어 사업은 진행되었다. 당시 양성화 지역은 쾌재를 불렀고, 철거 지역은 울상을 지을 수밖에 없었다고 한다. 당장 자신의 삶터를 떠나야 한다는 것이 당시 그들에게는 막막한 일이었을 것이다.

그렇게 주민들은 최소한의 자재만을 보조받은 채 본인들이 직접 나르고 옮겨 가며 집을 지을 수밖에 없었다. 이 현지 개량 양성화 사업

골목 끝에서 바라본 모습. 시간의 거리가 묘한 대비를 이룬다.

으로 기존의 판잣집은 시멘트 벽돌집으로 바뀌어졌고, 정착지로 자리를 잡아 가게 된 것이다.

    영세한 필지 그대로 남아, 필지 하나당 3층 정도의 규모로 3세대 혹은 6세대가 살아가고 있었다. 현재는 몇몇 집들은 새로 리모델링을 했는지 깨끗하게 단장한 세대도 몇몇 있었다. 과거와 현재의 공존이 대립적으로 보이지만, 오래된 시간 속에 다 녹아 들어서인지 전혀 어색하거나 부담스럽지 않다. 원래는 공동 화장실을 사용했지만, 현재는 몇몇 집은 개별 화장실을 가지고 있기도 하다. 2층으로 올라가는 계단은 매우 가파르며 계단이라기보다도 어렸을 때 다락방에 올라가는 경사가 매우 급한 통로와도 같다.

　몇 년 전에 찾았을 때 할머니나 아주머니들이 이야기를 나누고, 골목길 막다른 곳에 위치한 공동 화장실 앞에서 서로 마주치고 인사하고 이야기 나누던 정다운 모습과는 다르게 현재는 외국인 이주 노동자가 많이 살며, 지어질 당시부터 살았던 사람들은 이제 세 분만 남았다고 한다. 또한 비워진 방도 많아서인지 마을로서의 주거의 모습은 많이 변해 있었다.

2층으로 올라가는 계단은 매우 가파르며 계단이라기보다도 어렸을 때 다락방에 올라가는 경사가 매우 급한 통로와도 같다.

외부에서 직접 2층으로 통하는 계단.

"한 50년 전부터 첨 이곳이 지어질 때부터 살았고 우리 아이들

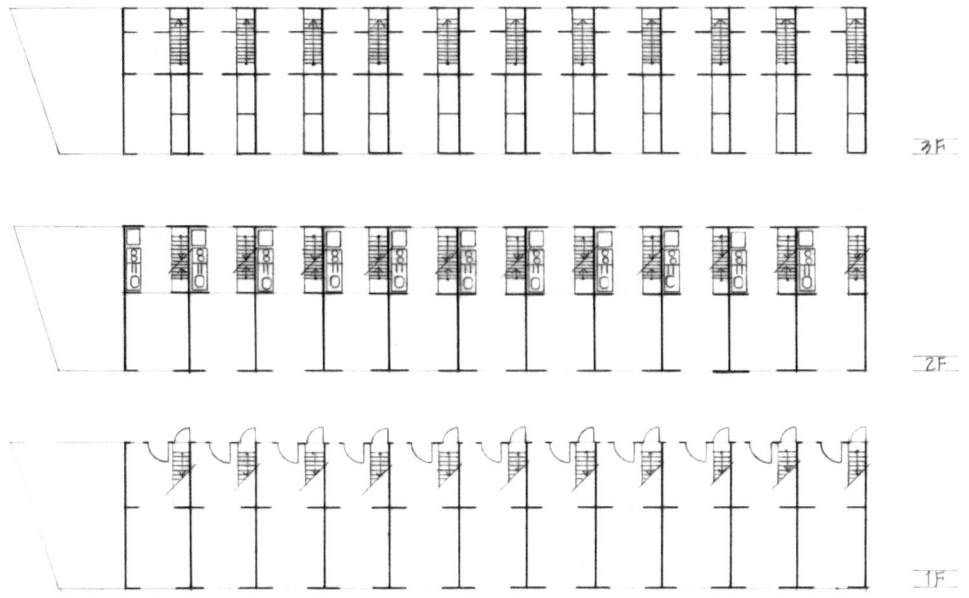

〈장충단길 공동주택〉 평면도.

도 여기서 다 커서 결혼해서 나갔다. 그 때 사람들은 이제는 얼마 안 남고 3명만 남아 있다. 요즘은 집값이 싸다보니 동남아 등 이주 노동자들이 많이 들어와 산다. 그리고 지금은 빈 집도 많다. 예전하고도 많이 달라졌는데 예전에는 오래된 사람들도 많았고, 같이 김장이며 음식도 해 먹고 그랬는데 지금은 잠시 왔다가는 사람도 많고 그래서 가끔 무섭고 문도 못 열어두고 물건들도 밖에 두기가 좀 그렇다."

현재는 이렇게 마을의 모습이 많이 변했어도 50년 넘게 마을 공간으로서 생명력을 유지해 온 까닭은, 도심 집합 주거지만 공동의 공간으로서 영역성이 잘 확보되어 있기 때문일 것이다.

이곳은 여느 다른 아파트와 달리 생산과 소비 그리고 재생산이 반복되는 기계적 개발의 공간이 아니다. 생활과 기억과 의미가 간직된, 그리고 이곳에 모여 사는 이의 정서가 담긴 곳이라서 의미 있는 것이다. 이처럼 생활의 모습과 의미들이 아파트의 공간과 함께 어우러질 때 도시로 확대되어 도시 스스로 생명력을 갖게 한다. 바로 이러한 도시 공간에 모여 사는 것 그리고 이를 통한 도시의 생명력을 다시 한 번 깊이 인식하고 도시를 대하는 자세가 필요하다.

〈힐탑아파트〉(1968)는 그 이름 대로 언덕 위에 Hill-Top 우뚝 서 있다. 이를 전후로 도심에는 고층의 주거들이 본격적으로 들어서게 된다.

04 호텔형 수입 아파트 〈힐탑아파트〉

〈힐탑아파트〉의 투시도에서 보이는 높이감과 형태는 〈마포아파트〉가 보여 주는 근대적 이미지의 재현과 일면 유사해 보인다. 그러나 그 배경과 역사적 의미는 상당히 다른 측면을 가지고 있다. 개발의 배경, 대상이 되었던 거주자들, 디자인과 시공……. 그 면면에서 차이를 보여 주며, 〈힐탑아파트〉 역시 자신만의 독특한 성격을 드러낸다.

새로운 건축 기술과 자재의 도입
〈힐탑아파트〉가 지어진 1968년 전후, 서울 도심에는 고층의 호텔이 본격적으로 들어서기 시작하였다. 국가적으로 경제 개발 계획이 본격적으로 추진되면서 외국 자본의 도입과 교류가 서서히 본격화하며 외국인의 내방이 잦아졌고, 그들이 머무를 수 있는 호텔과 같은 건축 유형이 본격적으로 건설되기 시작하였다. 이러한 호텔 건축의 활성화는 고층 주거 개발에 하나의 기반을 제공하였다.

당시 지어진 호텔 중에 대표적인 호텔이 〈조선호텔〉이었다. 원래 1917년에 지어진 건물이지만 1967년 기존의 건물을 허물고, 18층의 고층 건물[28]로 재건축되었다. 당시 〈조선호텔〉은 벡텔Vectel이라는 미국의 회사가 설계와 감리를 진행하였고, 〈조선호텔〉 공사에 투입된 재료와 기기 역시 대부분 미국에서 건너 온 것들이었다. 특히 당시로는 매우 선진적인 기계 시스템이었던 난방·냉각 시스템이 사용되었으며, 타워크레인[29]이 공사현장에 처음으로 등장하였다.

18층인 〈조선호텔〉에 이어서 24층의 〈도큐호텔〉이 1968년 10월 15일에 착공되어 1969년 12월 31일에 완공되었다. 24층 건물의 높이는 100미터에 달했고, 당시로서는 가장 높은 건물이었다. 이러한 초고층 건물의 계보를 1960년대 말에 지어진 〈코리아나호텔〉[30]이 이어가면서, 당시의 고층화와 그것을 가능케 한 새로운 시공기술은 1960년대와 1970년대의 개발도상국의 개발의 성취와 근대화의 상징으로 수없이 거론되었다.

외국, 특히 미국과의 국제 교류가 점점 확대될수록 그들이 국내에서 체류하는 기간도 점점 길어졌고 단기적인 체류를 위한 호텔 뿐아니라 장기적 체류를 위한 거주지를 확보하는 일이 필요해졌다. 더군다나 국내에 체류하는 외국인에게 주거를 제공하고 그들의 체류를 도모하는 것은 그로 인한 외화획득의 차원에서도 중요한 일이었다. 이러한 분위기 속에서 〈힐탑아파트〉의 건립은 100만 달러의 일본 차관과 정부재정자금 3억 원으로 시작되었다. 당시 일본의 차관은 대부분 현

물, 자재로 들여왔고 그것들을 현장에 직접 투입하였다.

　이렇게 해서 한강이 내려다보이는 한남동 언덕의 꼭대기에 지하 1층, 지상 11층 높이의 아파트가 지어졌다. 새로운 기술과 재료의 유입은 당시로서는 가장 진보적인 아파트를 개발하는 일의 기반이 되었고 중앙난방시스템, 냉각기, 전화기, 엘리베이터가 이 아파트에서 처음으로 시도되었다.

아파트를 향해 진입하면서 언덕 아래쪽에서 올려다본 아파트의 측면 이미지에서 측면 계단, 옥상 지붕 V자형 건물 모서리의 수직성이 강하게 읽힌다.

언덕 위의 아파트

'힐탑Hill-Top'이라는 이름 그대로 〈힐탑아파트〉는 언덕의 꼭대기에 자리를 하고 있다. 〈힐탑아파트〉의 대지 계획은 본래 대지가 가지고 있던 성격들과 주변의 상황에 의해서 상당 부분 결정되었다. 향, 조망,

〈힐탑아파트〉 배치도와 《주택》 표지로 나온 〈힐탑아파트〉.

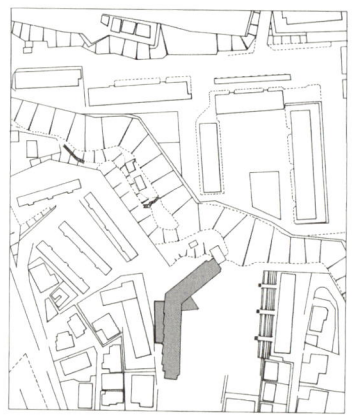

〈힐탑아파트〉의 단면 스케치. 지형과의 관계, 햇빛에 대한 고려 등이 안병의의 스케치에서 보인다.

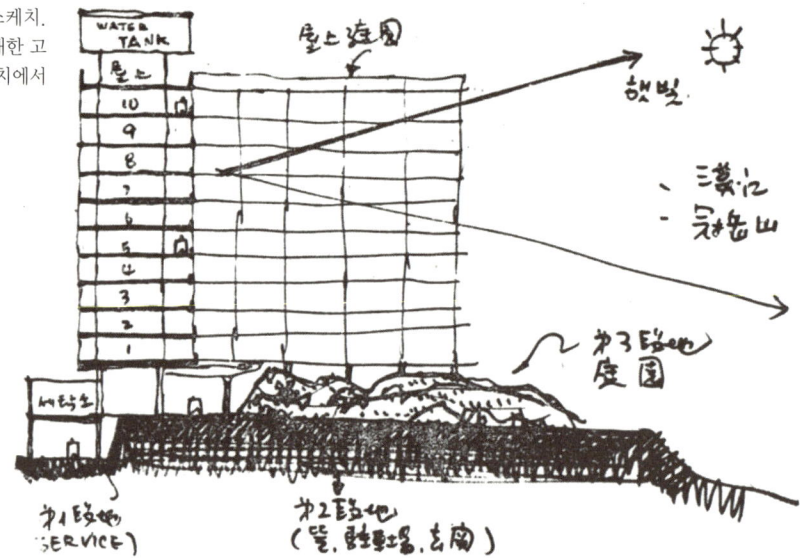

대지의 형상들은 〈힐탑아파트〉의 대지 계획에 있어 주요한 결정 요인이었다. 당시 설계자였던 안병의는 인터뷰에서 건물을 앉히는 데 있어서 대지의 상황을 고려한 점을 다음과 같이 이야기하였다.

> "계획을 하면서 남측의 태양과 동편의 넓은 조망을 최대한 반영하였고, 상대적으로 서쪽에서 오는 강한 여름태양을 차단하고 북측의 겨울바람뿐 아니라 같은 북측의 판잣집들의 경관을 차단하려 하였다. 따라서 건물은 서쪽으로 난 경사면 위에 건물을 배치하였다."

계획 당시 〈힐탑아파트〉는 경사진 면을 그대로 이용하여 배치하다 보니 주거가 들어가는 층 아래의 지상 층이 3개 층으로 구성되었다. 가장 낮은 층에 보일러실, 전기실, 숙직실 등과 같은 설비 관련 실들이 위치하였고, 중간층엔 주차장과 주출입구가 계획되었다. 가장 높은 층에는 안병의의 단면 스케치에서 보이듯 정원을 조성하였다.

안병의의 단면 스케치를 보면, 디자인 측면에서 매우 흥미로운 점들을 발견할 수가 있다. 필로티와 옥상정원이 그것이다. 그 두 가지는 근대건축의 대표적 건축가인 르코르뷔지에가 주로 사용하였던 건축적 수법이다.

당시의 계획안을 보면, 1층은 비워진 상태로 기둥만을 박아 놓은 채 주거 층은 경사진 대지의 상부로 올렸고, 세탁실 같은 부대시설은 한 쪽으로 몰아 놓았다. 아파트의 꼭대기에는 물탱크가 상징적으로 연출되었으며, 옥상정원에 놓인 콘크리트로 만든 미끄럼틀과 아이들을 위한 놀이터는 근대적 성격의 건축 공간에서 볼 수 있었던 것이다. 이 당시 〈힐탑아파트〉에는 옥상정원의 개념이 도입되었다. 옥상에 아이들의 놀이를 위해 만든 미끄럼틀이 인상적이다.

러한 모습은 당시 주거 공간에서는 처음으로 보여지는 모습일 뿐 아니라 현재의 시점에서 봐도 인상적인 모습이다. 그렇다면, 안병의가 이러한 건축적 요소들을 계획에 반영한 것은 우연일까?

1999년 만난 안병의에게 이 사실을 확인할 수 있었다.[31] 그것이 건물을 디자인하는 한 사람의 건축가로서 고민하고 계획한 요소들이었음을 그의 입을 통해 다시 한 번 들을 수 있었다.

> "아파트에서는 입주자들이 1층에 살고 싶어 하지 않는 듯하다. 1층에서는 차량과 주변 소음에 노출되어 있고, 위로 올라가면 좀 더 나은 조망과 햇볕을 얻을 수 있기 때문이기도 하다."

대지와 주변 상황, 주거 공간에 대한 고민과 고려가 만들어낸 계획이었다. 그러나 막상 건물이 완성되었을 때는 이러한 스케치와 처음의 의도와는 다른 모습이었다. 중요한 요소 중 하나였던 필로티는 지상의 비워진 공간이 아니라, 결국 부대시설들로 채워졌다.

〈힐탑아파트〉 공사는 1967년 3월 13일에 시작하여 1968년 10월 10일에 끝이 났다. 〈마포아파트〉 공사에도 참가했었던 현대건설이 이번에도 〈힐탑아파트〉를 시공하였다. 당시 일본에서 차관을 자재로 받았기에 대부분의 자재들이 일본에서 수입된 것들이었다. 물 공급, 위생, 난방, 전기설비 등 시설적인 측면에서도 많은 새로운 재료가 들어왔다.[32] 당시 일본으로부터 들여온 재료 중에는 시공 도면과 잘 맞지 않는 것들도 있어서 많은 연구와 검토가 필요했고, 이것은 종종 공사를 지연시키기도 했다. 하지만 이러한 재료들과 시공법은 당시 한국 건설 분야에 있어서 매우 가치 있는 일이었음에는 틀림없다.

특히 건설회사는 고층 건물 시공의 경험이 부족했기에 엘리베이터가 설치되는 〈힐탑아파트〉를 시공하는 데 많은 어려움을 겪었다. 당시 〈힐탑아파트〉에는 일본에서 제작된 오티스Otis 엘리베이터가 사용되었다. 〈힐탑아파트〉 이후 〈여의도 시범아파트〉를 거치면서 아파트에 엘리베이터를 설치하는 일은 일반적인 일이 되었지만, 당시만 해도 전무한 경험에서 이루어지는 작업이었다.

〈힐탑아파트〉에서 시도되었던 새로운 건물 재료들과 엘리베이터 설치, 당시로서 가장 최신이었던 시공도구와 공법을 사용하여 건설을 하였던 경험은 고층 건설 기술이 발전하는 데 하나의 발판을 마련하였다.

한남 〈힐탑아파트〉의 영향인지 그 이후 국내에 거주하는 외국인의 숫자는 급격히 늘어났고, 1972년 〈남산 외인아파트〉는 더 크고 높게 지어지게 되었다. 당시만 해도 〈남산 외인아파트〉의 16

〈남산 외인아파트〉는 건설 당시 가장 높은 아파트였다. 멀리서도 한눈에 들어왔으나 '남산 제모습 찾기' 사업으로 1994년 철거되어, 그 자리에 공원이 조성되었다.

〈힐탑아파트〉가 지어진 1968년 이후, 서울 도심의 곳곳에 고층의 아파트들이 도시 경관을 차지해 나간다.

층, 17층은 가장 높은 아파트 층수였다. 하지만 아이러니하게도 그 높이로 인해서 남산의 경관을 가로막는다는 이유로 부숴지게 되었다. 〈남산 외인아파트〉와 비슷한 시기에 〈한강 외인아파트〉, 이태원 〈톱라인 아파트〉 등 외국인 거주자를 위한 아파트가 여럿 건립되었고, 이러한 아파트들은 외국인 거주자를 위한 하나의 고층 주거군을 형성하였다.

독창적인 계획과 건축가의 작은 시도들

〈힐탑아파트〉에서는 필로티, 옥상정원 이외에도 르코르뷔지에의 공간들을 간간이 발견할 수 있다. 또한 〈힐탑아파트〉의 단위 평면에서는 르코르뷔지에의 영향뿐 아니라 건축가의 기능적 디자인에 대한 고려, 독창적 사고의 노력을 엿볼 수 있다.

평면에서 보이는 매우 선형적인 계획도 그 한 예이다. 2개의 침실을 가지는 단위 평면은 크게 사적인 영역과 공적인 영역으로 나뉘어 볼 수가 있다. 침실의 단면을 보면 침대와 옷장, 가구들은 모두 벽 쪽으로 배치가 되면서 중간에는 복도 공간이 생긴다. 그리고 이러한 방식은 거실에서도 마찬가지다.

또한 가구들은 독립적인 개체가 아닌 벽의 일부분으로 디자인되었다. 이러한 모습들은 내부의 평면이 굉장히 세세한 곳까지 신경을 쓰고 디자인한 것임을 보여준다. 발코니 또한 필로티, 옥상정원과 함께 이 아파트에 있어서 중요한 계획 요소다.

"남측으로 난 발코니를 보자. 이곳 발코니는 숨 쉴 틈 없이 돌아가는 매일의 삶 속에서의 작은 탈출을 시도할 수 있는 곳이다. 햇볕을 쬐고 식사를 하고 관망을 할 수 있는 장소이다. 그리고 더 나아가 옆집과 사이에 나있는 벽에 오프닝이 나있다. 이러한 오프닝을 통하여 이웃과 다양한 얘깃거리가 이루어질 수 있는 것은 매우 흥미롭다. 화분을 놓아두거나 음식을 건네주고 받을 수도 있고 혹은 직접 얼굴을 보며 얘기를 나눌 수도 있다."

발코니의 플랜트 박스plant box는 자연적인 요소이자 색다른 디자인 요소다. 세대 간의 영역을 구획해 주는 발코니의 칸막이벽에 플랜트 박스를 삽입시켜 하나의 디자인 요소로 일체화하였다. 지금 봐도 매우 독창적인 디자인이라 할 수 있다.

 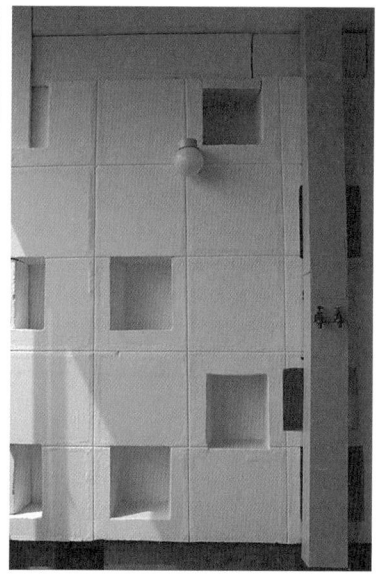

〈힐탑아파트〉에서 가구는 개체가 아닌 벽의 일부로 계획되어 세세하게 고려한 건축가의 의도를 엿보게 된다.

당시 노출 마감의 실험적인 시도다. 짚으로 꼬아 만든 줄을 거푸집과 함께 설치하고 콘크리트 타설 후 떼어내어 독특한 거친 마감을 만들어 냈다.

〈힐탑아파트〉에서의 외장은 아파트 건설에서 장인정신마저 느껴지게 한다. 그만큼 건축가와 시공자들의 노력이 가장 여실히 드러났던 곳은 외장이 아닐까 한다. 노출 콘크리트 벽의 디테일은 매우 창의적이면서도 한국만의 특징을 보여 준다. 외관의 독특한 질감. 그것이 지름 50밀리미터의 새끼줄로 만들어졌음을 유추해 내기는 쉽지 않다.

초기에는 외벽을 새끼줄 무늬가 들어간 프리캐스트 콘크리트Precast Concrete 패널로 만들어 '커튼 월curtain wall' 공법(규격화된 패널을 공장에서 제작해 와서 현장에서 외벽을 붙여 나가는 방식)으로 현장에서 조립할 의도였다. 그러나 그것은 생각만큼 쉽지 않고, 여의치 않았기에 현장에서 타설하였다. 아파트에서 이런 고전적인 미장을 할 수 없다는 반대 의견도 많았지만, 결국 건축가의 의지에 따라 그대로 시행되었다.[33] 새끼줄을 이용해 만든 거푸집에 콘크리트를 타설하여 만들어 낸 독특한 줄무늬의

〈힐탑아파트〉 모서리의 노출된 계단은 아파트의 수직성을 더욱 부각시켜 준다.

호텔형 수입 아파트 〈힐탑아파트〉

복도와 계단에는 유리창으로
빛이 들어와 열린 느낌을 준다.

외관은 당시의 근대건축물에 대한 기술에 전통적인 요소를 가미한 아주 실험적인 시도였다. 당시 시공 기술 부분의 책임자였던 홍사천의 도움으로 이 디테일을 구체화시켰다.

〈힐탑아파트〉에서 복도는 또 다른 삶의 공간으로서의 역할을 한다. 각자의 집으로 들어가기 위한 단순한 동선의 기능 이외에도 집으로 들어가기 전 마주하고 지나는 곳으로서 독특한 공간감이 부여되었다. 수직의 창들이 연속되면서 폭이 조금씩 변하는 복도 공간은 빛의 유입과 시선에 따라 리듬을 가지는 공간의 다양한 모습을 연출한다.

"복도 공간은 역동적인 리듬을 가진다. 이것은 지그재그로 변하는 복도의 폭, 번갈아가며 보여지는 벽과 창문, 그로 인해 교차되는 안쪽과 바깥쪽의 조망을 통해서 가능해진다. 삶의 공간으로써의 아파트는 학교나 사무실 복도와 같은 단조롭고 지루한 공간과는 다른 공간이어야 한다."

사람들은 길고 좁은, 결코 지루하지 않은 복도 공간을 지나치고 나서 자신의 집으로 들어서고 나면 거실을 통해 열려진 탁 트인 풍경을 마주하게 되는 것이다.

〈힐탑아파트〉는 현재는 리모델링되어 고급 아파트가 되었다. 당시 아파트들이 주로 서민 아파트로 이용되거나 부실을 이유로 철거된 것이 태반인데 반해, 처음부터 외국인용 숙소로 지어진 〈힐탑아파트〉는 사는 이들의 사회·경제적 계층도 달랐거니와 유지·관리도 잘되었다.

여전히 도도하게 한남동 언덕 위에 서 있는 〈힐탑아파트〉를 보면, 고급 재료로 옷을 갈아입으면서 그 실험적이고 독창적이었던 시도들이 그냥 외면되어 버려 아쉽다.

〈등마루아파트〉(1970)는 반복된 기본 형태가 서로 모여 즐거운 변화를 일으킨다. 여기에서 계획의 무한한 가능성을 목격할 수 있다.

05 반복과 변주의 새로운 가능성 〈등마루아파트〉

조사하고 관찰했던 아파트들의 대부분은 '누가' 지었는지 알 수 없는 것들이었다. 그리고 건축가의 존재조차 느껴지지 않을 정도로 '계획'의 의도로 보이는 특징보다는 시간이 만들어 놓은 자생적인 특징이 더 큰 것이 태반이었다. 하지만 〈등마루아파트〉는 조금 달랐다. 〈등마루아파트〉를 보면서는 누군가가 존재했을 것만 같은 느낌이 들었다. 다른 아파트들에서 살짝 벗어난 변주. 그 시작이 궁금해졌다.

아파트의 반복성과 부정적 시각
최근 성냥갑처럼 생긴 판상형 아파트를 단지 내에 획일적으로 배치하지 못하도록 규제한다는 뉴스를 보았다. 도시의 경관과 거주자의 삶을 단조롭게 만들어 버리는 아파트의 형태를 정책적으로 규제하겠다는 것이다. 판상형 아파트가 도시의 풍경을 차지해 버린지 꽤 오랜 시간이 흘렀다. 초고층 기술의 발달과 함께 이제는 탑상형의 주거도 많이 볼 수 있게 되었지만, 아직까지는 그 유형의 틀을 크게 벗어나지는 못한 듯하다. 우리에게 아파트는 살고 싶은 집이면서 동시에 살고 싶지 않은 집이기도 하다. 도시 속 중산층의 삶을, 혹은 그 이상의 삶을 대변하는 아파트는 여전히 도시 생활의 이상향이지만 부정적 시각도 함께 자리한다.

아파트가 부정적으로 인식되었던 주 요인은 어디에 있던 똑같게만 느껴지는 평면과 형태일 것이다. 마치 벽돌 공장에서 벽돌을 찍어내듯 만들어진 아파트는 삶의 형태마저도 단조롭게 만들며 반감의 대상이 되었다. 그러한 반감을 넘어서 아파트란 으레 그러려니 하며 받아들이며 살아온 시간들이 40여 년이 흘렀다. 공통의 유형이 자리 잡기 전인 과도기에 나타났던, 어찌 보면 지금의 눈으로 보기에는 이질적일 수도 있는 유형들을 찾아다니며 기록했던 데에는 새로운 유형에 대한 갈증이 함축되어 있었을 것이다. 우리가 알지 못했던 사이에 도시 속에서 태어나 그 안에서 자리를 지켜온 유형들에 대한 경외심이라 할 수도 있겠다. '누가' '왜' 그러한 형태를 만들었는지는 알지 못하지만, 같은 형태가 반복적으로 지어지던 당시의 상황 속에서 '다름'을 발견하였다는 점 그리고 그 의미를 되짚어 본다는 점에서, 또는 그것이 존재했다는 사실을 기록하는 점에서 우리 아파트를 새롭게 들여다 볼 시각을 제시할 수 있지 않을까.

그런 의미에서 〈등마루아파트〉는 여기서 다루어진 그 어떤 아파트보다도 건축 계획 부분에서 시간을 뛰어넘은 참신함을 보여 준다.

작은 변화가 가지고 오는 형태적 특이성을 들여다보도록 하자.

'등마루'의 아파트, 그 계획적 특징

〈등마루아파트〉는 서울 강서구 염창동에 위치하고 있다. 북쪽으로 한강을 마주하고 있으며, 동쪽은 목동과 안양천을 경계로 영등포구와, 남쪽으로는 목동, 화곡동과 접해 있다. 그리고 서쪽은 등촌동, 가양동과 접하고 있다.

등마루의 사전적 의미는 '산이나 파도 따위의 두두룩한 부분'으로 산등성이를 일컫는 말이다. 강서구의 지형은 전체적으로 낮은 들판에 구릉이 듬성듬성 엎드려 있다. 마을 지형이 등마루로 이루어져 '등마루골'이라 했는데, 이를 한자로 '등촌登村'이라 표기했다.[34]

대지의 모양이 불규칙해서 4개 동 중 3개 동이 동서 방향으로 줄지어 섰다.

실제 〈등마루아파트〉가 위치한 대지의 지형을 보면, 서쪽의 도로, 북쪽의 인접 도로에 비해 2미터가량 더 높이 위치해 있다. 〈등마루아파트〉에서 동쪽으로 갈수록 차차 높아지는 구릉지의 형태를 보인다. 이러한 위치적 특성이 자연스레 아파트에 '등마루'라는 이름을 붙이게 된 연유인 듯하다.

안양천을 가로지르는 양화교를 따라 좀 가다 보면 작은 길이 나오고 그 너머로 〈등마루아파트〉가 보인다. 주변 도로에 비해 약간 높은, 말

말 그대로 '등마루'에 자리한 〈등마루아파트〉는 나지막한 오르막길을 올라가야 한다.

그대로 '등마루'에 위치한 탓에 나지막한 오르막길을 올라야 〈등마루아파트〉에 도달할 수 있다. 정형적이지 않은 대지의 형태는 당시 몇 개의 필지를 합필하여 개발한 상황을 보여 준다.

〈등마루아파트〉 역시 동일한 주동을 대지의 형태에 맞게 반복적으로 사용하며 배치하였다. 동일한 유형을 반복적으로 배치한 것은 당시의 계획 기법과 크게 다르지 않다. 그런데 〈등마루아파트〉는 그 주동의 형태가 남다르다. 동일한 단위 세대를 조합하는 방식이 다른 아파트와 차별화된다.

주동은 단위 세대의 조합에 의해 만들어진다. 단위 세대는 아파트의 주동을 형성하는 가장 기본적인 단위다. 단위 세대는 사람들의 생활에 직접적으로 요구되는 방, 거실, 화장실, 부엌 등의 공간으로 구성된

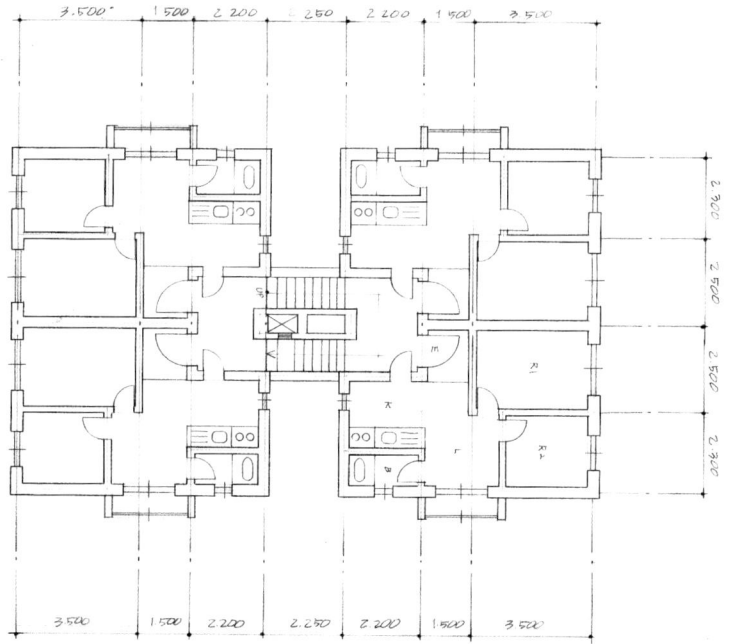

〈등마루아파트〉의 평면도. 가운데 계단을 축으로 두 단위 세대가 대칭을 이룬다.

반복과 변주의 새로운 가능성 〈등마루아파트〉

다. 그리고 아파트는 이 단위 세대들이 집적된 것으로 조합 방법에 따라 주동의 형태 및 단위 세대로의 진입 과정은 달라질 수밖에 없다.

동일한 단위 세대를 수직으로 쌓고, 계단실에서 직접 진입할 수 있는 홀을 두거나 혹은 복도를 두는 것이 일반적인 방법이다. 그 이외의 조합 방식은 국내의 주거 유형에서는 극히 찾아보기 힘들다.

이러한 상황에서 〈등마루아파트〉 주동의 형태와 그것을 만들어내는 단위 세대의 조합은 참으로 참신하다. 대지의 고저 차를 의식이라도 한 듯 둘씩 짝지어진 단위 세대가 반 층씩 엇갈려 있다. 즉, 낮은 대지 쪽에 위치한 단위 세대보다 높은 대지 쪽에 위치한 단위 세대가 반 층 정도 올라가 있다. 계단을 사이에 두고 반 층씩 엇갈려 올라간 단위 세대들은 아파트의 입면에 변화를 가지고 온다. 창의 위치 역시 조금씩 어긋나면서 대지의 특성은 그대로 입면을 통해 드러난다.

쌍을 이루고 있는 단위 세대들 사이의 계단은 외부에서도 그 존재를 알 수 있다. 단위 세대 사이의 약간의 벌어진 틈으로 보이는 수직적인 계단은 자칫 답답할 수도 있는 주동의 형태에 자그마한 숨통이 되어 준다. 혹여라도 단위 세대들이 계단 주위를 꽉 둘러싼 형태였다면, 그 느낌은 사뭇 달랐을 것이다. 그 조그마한 틈새 공간은 외부 공간이자 내부 공간으로써 5층까지 이어지는 진입공간을 만들어 낸다. 작은 틈새로 보이는 계단의 수직성은 〈등마루아파트〉만이 보여 줄 수 있는 특징이다.

한 동을 제외한 세 개의 동이 동서 방향으로 일렬로 배치되다 보니 동쪽과 서쪽 방향으로는 연속되는 주동으로 인하여 경관이 막히게 된다. 그 때문에 단위 세대는 남쪽과 북쪽으로 발코니를 가지게 된다. 당시 아파트의 단위 세대들은 대개 수평적으로 쭉 연결되어서 전면과

대지의 높낮이가 그대로 드러난 〈등마루아파트〉의 옆 모습. 계단을 사이에 두고 반 층씩 엇갈린 변화가 재미있다.

후면, 2면이 개방되는 것이 보통이었다. 그러나 〈등마루아파트〉는 계단실을 중심으로 4개의 단위 세대가 삥 둘러싸면서 전면과 측면이 개방된다. 또한 계단실 방향의 틈새 공간으로도 창을 내어 2면 이상이 외부로 열리는 평면형이 되었다.

아파트의 반反대량 복제

균일한 유형의 주동을 주변 도시의 상황을 무시한 채 일방적으로 반복적으로 배치하며 지은 대단위 아파트와는 다르게 도시와의 관계, 경관에 있어 바람직한 가능성을 보여 주는 사례 중의 하나가 〈등마루아파트〉가 아닌가 한다. 〈등마루아파트〉를 높이 평가하는 이유는 그 계획적 특징이 기존의 어떤 유형과도 다른 형태이고, 언덕배기에 위치한 대지의 특성을 계획적으로 활용하여 새로운 유형을 만들어 냈다는 데 있다.

아파트가 단순히 도시 공간을 균질화하는 기계적인 개발의 메커니즘이 아니라 기존의 도시와 균형 있는 개발 매체가 될 수 있음을 엿볼 수 있는 좋은 기회다. 성냥갑처럼 단조로이 위로 옆으로 쌓아 올린 아파트의 형태와 그 무한한 복제로 잠식되어 버린 도시의 풍경은 너무나 익숙해졌다. 그리고 이제 그 풍경을 다시 그리려는 노력이 이루어지고 있다. 대량 복제에서 벗어나 도시 어딘가에서 오래 전부터 존재해 온 다양한 유형들은 요즘 다시 그리는 풍경의 밑그림이 되어 줄 수 있을 것이다.

단위 주거의 단조로운 반복과 일방향적인 집적을 극복하며 새로운 공간의 가능성을 보여 주는 〈등마루아파트〉는 보이지 않게 존재했던 새로운 시도들의 증거로써도 그 의의가 크다. 단순히 '짓기'라는 행위에만 몰두하던 시대는 지났다. 이제 '어떻게'라는 방법을 고민해야 하는 시기다. 그 고민 속에서 〈등마루아파트〉의 작은 시도들을 다시 한 번 들여다보면 어떨까.

〈한남아파트〉(1972)는 사는 이가 손수 만들어 낸 공간이다. 요새 같은 외모에 담긴 자율의 정신이 돋보인다.

06 허물어진 도시의 요새 〈한남아파트〉

한남대교를 건너 한남로로 들어서면 오래된 아파트 하나가 보였다. 조각조각을 이어붙인 듯한 건물의 모습이 멀리서도 인상적이었다. 가까이 다가서서 1층 가게들 사이의 문으로 들어가 보면 빛이 떨어지는 조그만 마당에 들어섰다. 삼각형의 마당, 삼각형의 건물은 전에 본 적 없는, 혹은 앞으로도 보기 힘든 형태였다. 중정을 향한 복도에는 내어 놓은 빨래가 쭉 늘어서서 햇볕을 쬐고 있었다. 고개를 들어 보면 하늘만 보이던, 삼각형의 하늘을 담고 있던 아파트. 그것이 지금은 철거된 〈한남아파트〉다.

1960년대와 70년대 초 개인 소유주와 민간업자에 의해 지어진 다른 소규모 아파트와 마찬가지로 〈한남아파트〉 역시 기록은 거의 남아

가설 시장이 있던 자리에 지은 〈한남아파트〉. 여러 필지를 합쳐 세모꼴이 되었다.

있지 않다. 건축주가 누구였으며, 누가 설계를 하고 시공하였는지, 어떤 연유로 이런 독특한 외관을 가지게 되었는지를 확인할 길은 없다. 결국 논문과 자료로 알 수 있는 몇 가지를 제외하고는 오랫동안 그곳에 거주해 온 사람들의 입을 통해 들은 이야기가 남아 있을 뿐.[35]

삼각형의 아파트

참 독특하다. 밖에서 보이는 입면도, 삼각형 마당의 공간감도, 제각각인 창문과 난간들. 사실 삼각형의 건물이 들어선 이유는 어찌 보면 간단하다. 대지의 형태를 그대로 이용하여 아파트를 지었기 때문이다. 소규모 아파트는 대부분 도시의 필지를 새로이 구획하거나 정비하지 않은 채 기존 필지 위에 지어졌다. 오랜 시간 있어 온 도시의 구조 그대로 생겨난 필지 위에 세워진 건물들은 그 외관만으로도 땅의 형태를 가늠할 수 있었다.

⟨한남아파트⟩ 필지는 원래 하나가 아니었다. 지금의 필지는 여러 소유주의 필지 몇 개를 합친 것이다. 그러다 보니 삼각형 형태가 나왔고 바로 그 위에 지었으니, 삼각형이 고스란히 아파트의 형태로 되었다.

⟨한남아파트⟩가 들어설 당시 서울의 여기저기에는 가설 시장이 많았다. 제대로 된 건물 말고 나무와 천막으로 대충 만든 가설 시장은 이후 많은 수익을 낼 것이란 기대 하에 소규모 아파트가 지어지면서 그 자리를 조금씩 내주게 되었다. ⟨한남아파트⟩가 있던 용산구 한남로 옆의 조그만 땅덩어리 역시 원래는 시장이었다. ⟨한남아파트⟩가 지어지고도 뒤편에는 계속 시장이 존재했고, 맞닿은 1층 부분도 죽 가게로 이용되었다.

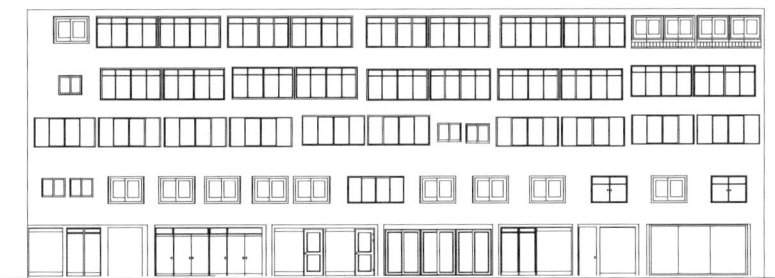

외측입면도와 내측입면도. 아파트의 특징인 규칙성을 찾아보기 어렵다.

복도의 천장 보를 제외한 다른
요소는 불규칙하다. 현관문과
창문의 배치가 제각각이다.

시간이 퇴적된 흔적

건물 모양이 삼각형이다 보니 내부의 마당과 단위 세대의 평면 역시 특이한 형상을 취할 수밖에 없다. 마당을 중심으로 둘러진 세 변은 복도형 아파트다. 두 변은 편복도형이고 한 변은 중복도형이니 두 변은 중정을 향해 복도가 놓여 있다.

자료에 의하면 〈한남아파트〉의 평형대는 3가지 혹은 7가지라고 한다. 하지만 실제로 그 평면은 같은 평형대라 해도 단위 세대의 형태가 제각각이다. 층별 가구 수도 다르기에 어떤 층은 작은 평수들이 조밀하게 배치되어 있고, 어떤 층은 상대적으로 넓은 평수가 배치되었다. 이렇게 각기 다른 100여 개의 평면이 지어진 까닭은 〈한남아파트〉가 지어질 당시의 상황과 그 후에 사람들의 쓰임에 따라 조금씩 변형되었기 때문이다.

지금으로 보면 그리 크지 않은 5층 건물이지만, 이 건물을 짓기까지는 쉽지 않은 과정이 있었고, 그 시련은 그대로 아파트의 형상이 되었다. 초기에 건물을 짓던 건설사가 부도나면서, 공사 진행에 차질이 생겼다. 이후 건축주와 건설사의 자금 사정이 어려워지면서 여러 건설사와 사람들의 손을 거쳐 지어졌다. 한 층을 짓고, 또 그 위에 한 층 짓고, 그렇게 5층을 짓기까지 10년이 걸렸다.

〈한남아파트〉의 마당에서 바라보면 복도 천장에 돌출되어 있는 보의 위치는 층별로 거의 일정함을 알 수 있다. 이것으로 건물의 구조를 먼저 올렸다고 유추할 수 있다. 하지만 그 이외의 요소는 제각각이다. 우선 벽의 두께를 보면 같은 위치에 올려진 세대라도 벽 두께가 142밀리미터, 269밀리미터, 118밀리미터다. 층별 세대 수와 평면의 유형, 벽 두께의 다양함을 통해 각 층별로 지어진 시기와 사업자, 시공자가 다르다고 볼 수 있다. 지어진 후에도 단위 세대는 사용자에 따라 조금씩 변형이 일어났기에 그 유형은 더욱 다양해질 수밖에 없었다. 불완전 상태의 아파트는 거주자들이 자신의 살림과 상황에 맞게 적절히 개조해 살 수밖에 없었다.

그러니 이 건물에서 아파트의 특징인 '규칙성'을 찾기란 참으로 어렵다. 건축 기준도, 전문가도 없는 상태에서 지어진 아파트는 지금 우리 눈에는 놀랍게만 보인다. 그중 입면의 모습은 가장 인상적이었다. 시멘트와 벽돌의 교차, 다 다른 크기의 창문, 높이와 간격이 다른 난간……. 어느 것에서도 일관성을 찾아볼 수 없었다.

창문, 문의 크기와 위치도 제각각이거니와 그 마감 재료 또한 다양하다. 외벽 재료로 시멘트와 벽돌이 층별로 다르게 사용되었다는 것은 골조 이외의 부분이 다른 상황 속에서 지어졌음을 다시 한 번 확인시켜 준다. 내부에서 보이는 입면 역시 독특하다. 2층의 난간은 비교적 고른 높이로 시멘트 턱을 만든 후 철재의 난간을 올려놓았다. 그 위층의 난간들은 시멘트 턱의 높이도 다를 뿐 아니라 난간도 드문드문 설치되어 거주자들이 스스로 개조·수리한 흔적을 보여 준다.

오래된 미래

사는 이들이 자신의 손으로 공간을 만들어 가며, 그 이야기를 건물로써 드러내는 것. 어쩌면 지금 건축을 하는 이들이 바라는 공간일지도 모른다. 노후성·유지성은 잠시 지운 채 그 쓰임새와 외관을 본다면 건축적인 독특함이 느껴지는 곳이다. 하지만 〈한남아파트〉가 지어질 때 이것은 계획된 것이 아니었다. 현실이 빚은 어설픈 공간을 사람들이 만지고 또 만져 삶의 터전으로 만들어 낸 것이다. 참 아이러니한 일이

1층의 가게들, 다 다른 창문과 난간, 삼각형 하늘……〈한남아파트〉의 독특한 풍경을 이제는 사진으로만 볼 수 있다.

허물어진 도시의 요새 〈한남아파트〉 167

다. 과거의 공간을 다시금 우리에게 앞으로의 삶을 생각하게 한다.

〈한남아파트〉의 모습을 바라보고 있으면 그 오래된 이야기가 들려오는 듯하다. 그 모습은 건물이 지어지는 당시의 사회적 조건이 그대로 건물로 반영된 독특한 특성을 보여 준다. 당시 제대로 된 기준조차 없었던 건설 상황과 전문가의 부재 속에 건물을 지었던 상황들을 건물의 모습을 통해 짐작케 한다. 일관되지 않은 평면, 입면, 난간, 벽 두께, 바닥의 높이 들은 서로 다른 시기의 상황들에 기인한 것이다. 또한 거주자들의 자체적인 수리와 변형으로 인해 그 변화는 더욱 다양해졌다.

아파트 건설이 급증하던 1970년대 개인과 민간이 주도하던 아파트들은 그 건설의 현장이 자체적인 방법에 의존할 수밖에 없었을 것이다. 급격하게 이루어진 근대화에 따른 기술의 성장이 안정되기도 전이었고, 아파트라는 건물에 대한 특별한 설계 방법과 건설 방법도 없었던 상황에서 사람들에 의한 집짓기가 이루어졌다. 자신의 삶의 터전을 손수 만들어 나갔을 모습이, 그 손때가 〈한남아파트〉에 고스란히 드러나 있다.

〈한남아파트〉를 처음 본 후 인터넷을 돌아다니다가 누군가 멋지게 찍어 놓은 흑백 사진 속에서 다시 그 삼각형 하늘을 만날 수 있었다. 그제야 〈한남아파트〉가 예사롭지 않은 외형과 독특한 공간, 삶의 모습이 남아 있는 곳으로 사진 찍는 사람들에게는 꽤나 알려진 곳임을 알았다. 지금 우리의 눈에 그 낡은 아파트의 중정에서 만난 의외의 하늘과 사람들의 삶의 모습은 이곳을 흡사 요새와 같이 보이게 했다. 개발의 흐름을 비껴나 소리 없이 그 자리에 30여 년을 자리하고 있던 작은 요새는 결국 허물어져 이제는 사진으로밖에 그 모습을 볼 수 없다.

철거 결정이 내려진 〈회현 제2시 범아파트〉(1970). 서울의 마지막 시민아파트로, 영화 〈추격자〉, 〈친절한 금자씨〉, 〈주먹이 운다〉의 배경으로 기억될 것이다.

07 '나의 집' 그리고
'우리 마을' 〈회현 제2시범아파트〉

〈회현 제2시범아파트〉를 확실히 알지 못하는 사람이더라도 이곳의 사진을 봤을 때 어디서 한 번 본 듯한 기억이 든다. '내가 저길 가 봤던가?', '어디서 봤지?'. 그러다 불쑥, 영화 한 편이 생각날지도, 그림 한 점이 생각날지도 모를 일이다.

빨간 벽돌과 다양한 발코니가 인상적인 곳, 6층으로 불쑥 연결되는 다리를 잊을 수 없는 곳, 사람들이 모여 있던 뱅글뱅글 계단이 기억나는 곳, 그리고 그 안에 삶의 모습이 느껴지기에 더 잊을 수 없는 익숙한 그곳. 그곳이 바로 〈회현 제2시범아파트〉다.

어찌 보면 〈회현 제2시범아파트〉는 '스타' 아파트다. 그 독특한 외부 공간과 세월의 흔적이 묻어져 있는 모습에 출사 장소로, 촬영 장소로 많이 알려진 곳이기도 하다. 그리고 이제는 '역사 속으로 사라질 (혹은 사라진) 마지막 시민아파트'라는 수식어가 하나 더 붙었다.

획기적인 주거 정책

1960년대를 지나 70년대를 향해 가면서도 서울시의 주택난은 날이 갈수록 더욱 극심해져만 갔다. 그러나 이러한 사실에도 불구하고 주택 건설의 문제에 대한 정부의 지원은 늘 빈약하였고 매년 2~3동의 아파트나 200~300동의 저층 주택을 짓는다 해도 '한강에 돌 던지기 식'이라는 평가를 받았다. 이런 주택의 절대적인 수가 부족한 것 못지않은 또 하나의 주거문제가 무허가 불량 주택의 정리 문제였다. 그리고 그곳의 무주택자들에게 집을 제공해 주는 것이 무허가 주택의 정리와 함께 해결되어야 할 문제였다. 즉, 서울시는 인구의 증가에 따른 새로운 수요에 대한 공급량의 확보와 무허가 불량 주택의 정리라는 두 가지 문제를 해결해야 할 부담감을 안고 있었다.

결국 당시 서울시장으로 재임 동안의 엄청난 공사 추진으로 인해 '불도저 시장'이라 불리던 김현옥 시장은 특단의 대책을 내세우는데, 그것이 1969~1971년의 3년 동안 2,000동 건립을 목표로 한 시민아파트 건립 계획이다. 시민아파트 건립이라는 획기적인 정책에서 중요한 측면은 두 가지였다. 첫 번째로는 단독 및 연립식의 주택 건립에서 아파트식 주택 건립으로 전환하여 대량 주택공급을 가능하게 하는 것이었다. 두 번째로는 아파트식 주택으로 영세민들의 주거 문제부터 해결해 나간다는 것이었다. 그리고 시에서 이 두 마리 토끼를 잡기 위해 선택한 방법이 '프레임식 건설'이었다.

프레임식으로 건설한다는 것은 입주자 자신이 감당하기 어려운 공사 부분인 골격 구조 즉 프레임frame만 시의 자금으로 건립하여 분양한 후 나머지는 입주자 스스로가 지어나가는 방식이다. 입주자들이 직접 벽돌을 이용하여 벽을 쌓고 내부 칸막이 등 세부 공사를 하여 거주하게 하는 방안이었다. 결국 이 건설 방법의 가장 큰 목적은 최소한의 예산으로 최대한의 주택을 건설한다는 것과 주택을 마련할 자금이 부족한 영세민에게 집을 마련하는 기회를 준다는 데 있었다.

당시 서울시 주택행정과장 박종순이 《도시문제》(1969. 8)에 기고한 글에서 새로운 정책에 대한 희망찬 포부를 엿볼 수 있다.

> 근간 서울시에서 전례 없이 방대한 계획 하에 ……(중략)…… 일개 서울시의 주택사업이라 하기 보다는 조국 근대화 작업의 표본으로 이 나라의 경사라 해도 과언이 아닌 줄 안다. ……(중략)…… 무슨 일이나 어렵고 큰일일수록 말썽이 뒤따르기 마련이어서 사업지의 철거 작업등에서 약간의 물의도 없지 않았지만 대부분의 관련 시민은 예상 외로 본 사업에 대한 눈물겨운 협조와 의논으로 서울시 주택난 해결에 밝은 내일을 약속하고 있음은 시민아파트 건설 사업 추진에 촉진제가 되고 있는 터이다.

서울을 둘러싼 병풍, 시민아파트

그렇게 해서 시작된 시민아파트 건립은 의욕적으로 진행되었다. 어떤 날은 하루에 열린 기공식만 모두 16군데일 정도이니 한 해 동안 406동을 지어낼 수 있었을 것이다. 당시 시민아파트의 부지를 보면, 그 부지들의 위치가 대부분 산 중턱이다. 그러한 부지의 상황과 지질은 후에 큰 문제를 일으키기도 한다. 그렇다면 시민아파트는 왜 그토록 높은 산허리에 지어져야만 했을까.

서울시와 관련자들은 시민아파트를 통한 고지대의 불량 주택지의 정비가 도시의 경관을 더욱 좋게 만들어 줄 것이라 생각했다. 당시 서울을 둘러싼 산 중턱과 녹지대에는 무허가 주택들이 자리를 잡고 있었으며 이러한 상황은 서울시에게 있어 주거 차원에서뿐만 아니라 도시 미관을 해치는 커다란 두통거리였다. 결국 서울시는 무허가촌을 철거하면서 그 자리에 시민아파트를 건립하게 된다.

> 생각건대 머지않은 날에 서울시 군데군데에는 시민의 보금자리가 될 시민아파트 군이 병풍처럼 둘러 세워질 것이며 서울시 주거지역의 판도가 새롭게 입체화 될 것이 예상된다.[36]

이처럼 시민아파트 건립 당시에는 서울 주변의 산자락에 아파트가 들어서는 계획에 관해 부정적이기보다는 긍정적이었다.[37]

놓쳐 버린 두 마리의 토끼

그러나 영세민에게 '내 집 마련'을 안겨주겠다는 야심찬 목표를 실현시키기에는 그 진행은 너무나도 서툴렀고 성급했다. 최소한의 예산이더라도 기본적인 것이 제대로 행해지지 않은 상태에서는 그 뜻이 아무리 크다고 한들 좋은 집이 나올 리 만무했다.

우선 시민아파트는 부지에 대한 측량도 되지 않고 지질 검사도 행해지지 않은 상태에서 시공이 이루어져 시작부터 그 위험을 안고 있었다. 더군다나 시민아파트가 지어진 대부분의 부지는 산 중턱에 지하는 화강암 암반이었기에 "당연히 견고하겠지."라는 안이한 생각은 그야말로 '모래 위에 집짓기'와 다를 바 없었던 것이다.

또 하나 최소한의 예산에만 급급하다보니 그에 따른 문제들이 발생하였다. 406개 동을 33개의 업자가 나누어 시공했으나, 그들은 몇몇 건설업자를 제외하고는 거의 부실업체였다. 당시만 해도 경제적으로나 실력으로나 탄탄하다고 인정받던 현대, 대림, 동아, 극동 같은 업체들은 시민아파트 공사와 같은 저가 예산의 공사에는 참여하지 않았다. 더군다나 '최소한'이라는 조건은 구조물의 기본적인 철근량도 채우지 못했고, 경사지에 대한 고려도 하지 않은 설계와 시공 역시 위험한 것이었다.

입주자와 시공 방식에 대한 계산 착오도 문제였다. "이곳에 입주할 사람들은 영세민이니 가구나 가재도구가 별로 없을 것이다. 그러니 구조적 부분은 크게 고려하지 않아도 된다."라는 안이한 가정은 앞으로의 상황을 예측하지 못했다. 원칙적으로 금지되어 있던 입주권은 공공연하게 매매되고 있었고, 결국 입주자들의 태반은 제대로 된 살림살이를 갖춘 중산층이었으니 그 무게를 지탱하기가 쉽지 않았을 터이다. 게다가 "시는 골조 공사만 한다."는 원칙을 계속 고수함으로써, 옥상 난간, 계단 난간과 같은 안전장치에 대한 공사도 모두 입주자의 몫이었고, 내부 공사도 힘겨웠던 입주자들은 그런 부분들을 방치함으로써 10여 건의 추락 사고가 발생하는 불상사들도 있었다.

1970년 4월 8일 아침 6시 반 경, 결국 마포의 〈와우아파트〉 15동은 무너져 내렸다. '나의 집'에 대한 기쁨도 잠시였다. 뜻하지 않았던 이 사고로 입주자 70명 중 32명이 사망하고 38명이 부상을 당했으며, 내려앉으면서 아래에 있던 판잣집을 덮쳐 1명의 사망자와 2명의 부상자가 발생하였다. 급기야 박정희 대통령은 당장 시민아파트 건립 계획을 백지화할 것을 명령하기에 이른다.

회현 '제2시민' 아파트 또는 회현 '시범' 아파트

하지만 〈회현 제2시범아파트〉의 준공 시기를 보면 1970년 5월로 되어 있다. 〈와우아파트〉가 무너진 4월부터 한 달 후이다. 박정희 대통령의 명령이 있긴 했지만, 서울시의 입장에서는 당장 사업 자체를 중단할 수는 없었다. 〈와우아파트〉가 무너진 시점에 이미 건립 준비 중인 아파트들과 공약해 둔 것들이 있기에 1970년에도 12개의 시민아파트가 추가로 건립되게 되었고, 그중 하나가 〈회현 제2시범아파트〉다.

그렇다면 〈회현 제2시범아파트〉는 왜 '시민' 아파트가 아닌 '시범' 아파트로 불리는 것일까. 이 아파트의 공식 명칭은 '회현 제2시민아파트'다. 지금도 '회현 제2시민아파트'라고 부르는 사람도 있고, '회현 시범아파트'라고 부르는 사람도 있지만, 원래는 시민아파트 사업의 하나였다. 당시 〈와우아파트〉가 무너지고 난 후 건립된 〈회현 제2시범아파트〉는 좀 더 신경 써서 견고하게 지을 수밖에 없었고, 김현옥 서울시장이 "앞으로 아파트는 이곳을 '시범' 삼아 튼튼히 지어라."라고 했던 말에서 유래해 시범아파트라고 이름 지었다고 한다.[38]

이름이나 구조적인 이유 이외에도 〈회현 제2시범아파트〉는 여타의 시민아파트와는 다른 점을 몇 가지 가지고 있다. 그 전에 건립된 아파트들이 대부분 일자형 건물에 4, 5, 6층 정도의 높이였던 반면, 〈회현 제2시범아파트〉는 352세대나 수용하는 ㄷ자형의 단독 건물에 10층 높이로 당시의 기준으로 보면 꽤 높은 아파트에 속한다. 또한 남산 자락의 경사지를 고려하여 1층으로 진입 이외에 6층에서도 바로 진입이 가능하도록 다리를 연결한 점은 그 전과 후에도 잘 볼 수 없는 것이다.

〈회현 제2시범아파트〉는 ㄷ자형의 10층 단독 건물로 다른 시민아파트보다 규모가 크다.

남산 자락의 경사를 고려하여 6층으로 들어갈 수 있게 구름다리를 놓았다.

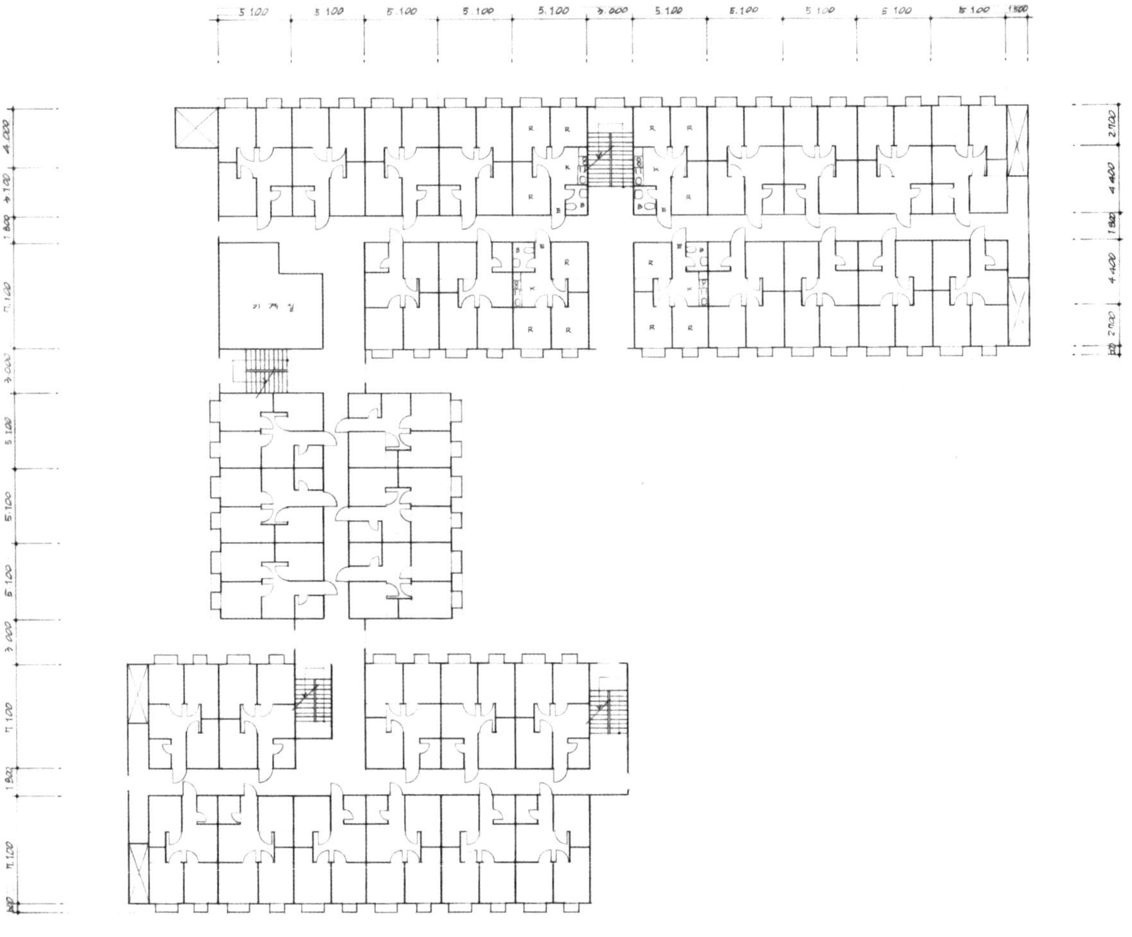

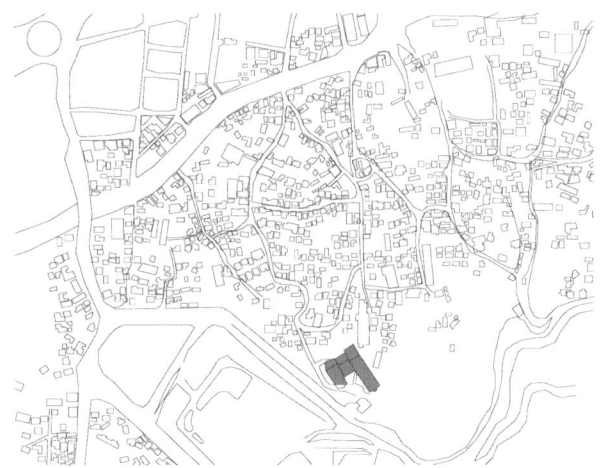

개별 화장실과 중앙난방이 적용된 〈회현 제2시범아파트〉의 평면도와 위치.

다른 시민아파트가 무주택자, 무허가 건물, 불량 주택 지구의 증가로 불량 주거지의 확산을 막고, 도시 미관 개선과 무주택 서민에게 주택 공급을 목적으로 최소한의 경제적인 주거 공간을 제공하도록 9~10평형을 기준으로 했던 반면에 〈회현 제2시범아파트〉는 예외적으로 15~16평으로 계획되어 무주택자 대상의 아파트이긴 하나, 그 평형은 거의 중산층이 살던 평형에 가깝다. 화장실도 기존의 시민아파트들이 평형의 한계에 의해서 주로 공중화장실을 계획하였다면, 〈회현 제2시범아파트〉는 개별 화장실이 설치되어 생활하는 데 훨씬 편리하도록 되어 있다.

그래서인지 〈회현 제2시범아파트〉는 온갖 계층이 모여 살았다. 당시 입주금 30만 원 15년 거치 2,000원씩 갚아나간다는 조건이 철거민들에게 주어졌다. 그러나 이조차도 그들에게는 벅찬 돈이었다. 쌀 한가마니가 5,000원, 연탄 한 장이 16원, 담배 한 갑이 60원 할 시기에 입주금 30만 원을 구한다는 것은 쉬운 일이 아니었을 터이다. 결국 무주택자 대상이긴 했으나 자금 마련이 용이한 중산층의 사람들이 입주권을 얻거나, 매매를 통하여 입주권을 삼으로써 실제 철거민이 입주한 경우는 30퍼센트도 채 되지 않았다.

이러한 상황과 도심에서 가깝고 남산 근처라는 입지 조건 때문인지 중앙정보국 직원, 경찰도 많이 살았고, 당시 남산에 있던 방송국과 가까웠던 탓에 프로듀서와 연예인도 여럿 살았다고 한다. 지금도 이곳 사람들은 당시 여기에 살았던 사람들이 누구였는지를 줄줄이 나열할 수 있을 정도로 그들과 한 아파트에 살고 있다는 것은 그들에겐 신기한 일이었을 터이다.

하지만 뒤이어 1970년대 들어서 새로운 아파트들이 건설되면서 중산층은 거의 대부분 빠져나갔다. 주변의 남대문 시장이나 서울역 등의 아파트 근처에서 일하는 사람들을 중심으로 하여 서민들로 아파트는 점점 채워져 갔고, 그렇게 30여 년의 시간이 흘러갔다.

아파트에서 모여 살기

〈회현 제2시범아파트〉를 보면, 지금의 아파트와는 다른 삶의 모습이 있다. 그들에게는 그들이 모여 살면서 만들어 낸 문화가 있다.

우리네 삶에서 모여 살기 위한 주거의 모습으로는 전통적으로 마을이 있다. 서울로 이주해 오기 전 농촌에서의 삶의 모습은 모두 마을, 촌에서 이루어졌다. 김봉렬은 마을에 관하여 다음과 같이 이야기했다. "무엇보다도 마을은 지역공동체의 물리적 현상이다. 하나하나의 집이나 길이나 공공 마을들은 조형적으로만 계획된 것은 아니다. 모여 사는 주민들 간의 갈등과 화해와 동의에 의해서, 개인의 이익과 전체의 이익을 일체화하려는 노력에 의해 선택되고 결정된 것들이다. ……(중략)…… 작은 지리적 경계 안에 있는 동네들만이 한 마을을 이루게 되고, 두레공동체의 적정한 규모는 40~70호 정도이다."[39]

처음에 무허가 불량 주택자들은 이러한 농촌에서 올라온 이농인이 대부분이었고 그들의 서울 생활은 고되었다.

> 농촌을 떠나와 이 집 저 집에 얹혀 숙식을 해결하고 가게 점원, 공원 또는 일시노동을 시작했다. 누구나 예외 없이 가게 점원, 공원, 일용 건설 노동, 행상, 청소부나 잡역부 등의 직업을 한, 두 개 또는 거의 모두를 거쳤으며, 이들의 부인들은 일용 건설 노동 대신 파출부나 가정부의 경험을 가지고 있다.[40]

그렇게 그들은 힘든 삶을 영위하면서 서울이라는 도시에 정착해 나가기 시작했다. 그리고 이웃이라는 것을 만들어나갔다. 서로 다른 이질적인 생각들을 가지고 있었지만, 가까이 산다는 근접성뿐 아니라, 빈번한 교류를 만들어가면서 이웃을 만들어 나가며 같이 살아나갔다.[41]

그리고 이러한 주민들의 생활은 이농민이 주축이 된 도심 주변 달동네에서만이 아니라, 서민들이 모여 살았던 시민아파트에서도 볼 수 있다. 〈회현 제2시범아파트〉의 경우도 그들만의 '모여 살기'가 있었다.

〈회현 제2시범아파트〉의 단지 내 옥외 공간은 장을 담근 장독대의 역할을 하면서, 아이들의 놀이터 역할도 하면서 공동의 목적으로 사용되었으며, 얼마 전까지만 해도 품앗이로 김장을 서로 담는 것이 오래도록 지속되어 온 이곳 아파트 마을의 행사였다. 초기의 아파트에서는 이처럼 서로 돕고 함께 모여 사는 것은 매우 자연스러운 것이었다. 그리고 아파트 주변의 공간들에서는 어린이들의 시끄럽게 뛰노는 소리가 항상 끊이질 않았다.

> 한강변의 철길을 따라 걷노라면 서빙고 쪽으로 부자촌이 있다고 했다. 부촌은 서울 변두리 그 아우성의 공간과는 너무도 달랐다. 냄새와 빛깔, 그리고 사람들의 숨소리가 달랐다.[42]

도시 속에서 서민이 모여 살던 아파트의 모습에서는 냄새와 빛깔과 사람들의 숨소리가 다르다. 아파트를 만들어낸 방식이 다르고 만들어낸 이야기가 다르다. 시민아파트의 경우는 '눈에 잘 띄는 곳에 많은 양의 빌딩'[43]을 세울 목적으로 도시 곳곳에 줄줄이 들어섰다. 평지의 대단위 아파트는 여의도에 제방을 쌓고 넓은 대지를 조상하고, 동부이

단지 내 옥외 공간은 장독대이자, 놀이터였다. 초겨울이면 여기 모여 함께 김장을 담갔다.

촌동의 백사장을 넓혀 공유수면 매립 공사를 하여 아파트를 건설했다. 반포와 잠실 지구 역시 모두 평탄한 모래벌판을 매립 공사를 통하여 대단위 택지를 조성했다. 이처럼 땅이 잘리고 메워지고 제방을 쌓아 완전히 새롭게 탄생하는 것이 되었다. 대지는 더 이상 기존의 지형에 맞는 친화적 접근 대상이 아니라 언제나 변형이 가능하고 새롭게 조성될 수 있는 가공의 대상이 된 것이다. 이렇게 대단위 아파트와 시민아파트는 땅을 다루는 방식에서부터 개발 방식, 아파트의 공간, 모여 사는 이야기가 다르다.

시스템화된 모여 살기로서의 근린주구

> 대도시일수록 규모가 작은 동질적 지역 공동체가 가지고 있던 친밀 관계가 파괴되어 혈연적, 지연적 유대가 감소하고 따라서 일차 관계에 기반을 둔 전통적 인간관계는 쇠퇴한다는 것이다.[44]

도시 공간의 아파트는 모여 사는 방법 중 커뮤니티의 형성이라는 점에서 좀 더 상세한 관찰이 필요하다.

아파트의 커뮤니티, 즉 공동 공간에 관련하여서는 윤정섭이 1956년 《건축》지에 처음으로 근린주구를 소개한 것이 그 논의의 시작이었다. 이후에 박병주와 엄덕문이 이러한 근린주구 개념을 실현시킨 건축가들로 볼 수 있다. 우선 엄덕문은 〈ICA 집합 주거단지〉와 〈마포아파트〉에서 초기의 근린주구를 시도했고, 박병주는 〈동부이촌동아파트〉와 〈여의도 시범아파트〉에 적극적으로 근린주구 개념을 적용했다. 이를 통해 대단위의 아파트 단지를 계획함에 있어 시스템을 구축하고 계속적으로 확장해 갈 수 있는 발판을 확보한 셈이 된 것이다.

> 대단위 아파트 단지는 도시 공간을 빠르게 재배치하면서 동질적인 사회경제적 속성을 가진 사람들을 일정한 공간으로 집중적으로 배치하는 결과를 가져오게 되었다.[45]

1960년대 이전까지는 구획 정리 사업에만 의존했다면, 1960년대 이후에도 그 규모가 상당히 커져 5백 호 규모의 '갈현동 국민주택단지'(1964)가 시도되었고 이후에 본격적인 집합 주거로서 〈마포아파트〉와 〈동부이촌동 공무원아파트〉가 계획되면서 나름대로의 단지 계획이 시도되어 정원 공간과 상가, 수위실이 배려되었다. 〈동부이촌동 한강맨션단지〉와 〈여의도 시범아파트〉에서 본격적인 근린주거 개념을 기반으로 한 단지 계획이 되어 주차와 보행자 동선, 단지 내 공원과 상가, 그리고 중앙난방 기계실 등이 배치되었다. 이때부터 비로소 아파트를 단지의 차원에서 접근하여 전체 공간을 그려 내고, 건축동 간의 관계를 생각하며, 부대시설 등을 고려할 수 있게 된 것이다.

이와는 상대적으로 강북의 소규모 아파트는 단지 계획의 성격이 규모 면에서 근린주구 개념을 실현시킬 만큼 크지가 않다. 따라서 본격적인 학교 시설, 공원 시설이 따로 계획되지 못하고 단지 내에 적은 규모의 상가나 필요한 시설들이 곳곳에 있거나, 개발 대상 지역 주변의 기존에 존재하던 근린의 기능을 함께 이용했다.

〈회현 제2시범아파트〉, 〈청운 시민아파트〉, 〈삼일 시민아파트〉, 〈옥인 시민아파트〉 등 당시의 시민아파트를 자세히 들여다보면, 이러한 시설들의 특징을 볼 수 있다. 〈삼일 시민아파트〉의 경우는 황학동 시장과 바로 맞닿아 있어 시장의 기능을 자연스레 공유했었다. 〈옥인 시민아파트〉는 기존의 동네와 연결되는 초입부에 조그만 가게와 휴게 공간을 조성해 놓았고, 〈청운 시민아파트〉는 주동 저층부를 가게로 이용하거나 이발소로 이용했다.

〈회현 제2시범아파트〉도 다리와 연결되는 6층의 진입부에는 약국이, 1층에는 구멍가게가 있다. 즉, 그들은 그 규모가 작은 만큼 자연스레 지역과 동네의 시설들을 이용하거나 그들에게 필요한 작은 시설들을 나름의 방식으로 하나하나 만들어 나갔다.

진짜 모여 살기: 시·공간 환경

일률적이고 표준화된 아파트의 공간 개념과는 다른 도시 공간으로서 아파트가 있다. 〈회현 제2시범아파트〉는 자신만의 고유한 공간과 삶의 모습은 도시를 이루는 하나의 요소이다. 시·공간의 경로를 따라 구조와 행위가 복잡하게 얽혀 있는 생활 체계인 도시 공간 속에서 〈회현 제2시범아파트〉의 삶의 행위와 그 의미들은 다시 또 새로운 도시의 모습을 만들어 내는 잠재력을 가지고 있다.

지금은 재개발 중인 황학동 〈삼일 시민아파트〉를 방문했던 적이 있다. 그곳에서 만난 중년 아저씨가 "이곳에는 많은 기억들도 있고 서로 마주치면 항상 이야기 나눌 수 있는 이웃들이 있지."라는 전혀 기대하지 못했던 뜻밖의 얘기를 했었다. 재개발을 목전에 둔 다 허물어져 가는 황학동에서 지나간 생활의 기억들을 간직한 사람들이 배회하고 있다는 것이 놀라웠다. 그리고 그는 지금의 황학동이 남아 있어 주기를 바랐다.

그리고 이것은 〈회현 제2시범아파트〉에서도 마찬가지다. 재개발이 되어 경제적 혜택을 받고 싶은 마음 이면에는 또 다른 삶의 터전에 대한 애정이 있다.

> "그래도 분위기 하난 좋았지. 비 오면 빈대떡 부쳐서 나눠 먹고, 봄이면 남산에 벚꽃놀이 가고, 할머니들은 꼭 시골마냥 공터에 장독대 묻어 놓고 말이죠. 사람들이 아파트 없어져도 동네에서 또 이렇게 모여 살자고 하네요."[46]

'나의 집' 하나 갖고 싶은 마음에 모였던 사람들. 그리고 그들이 만들어 낸 '우리 마을', '우리 동네', '우리 아파트'.

　도시는 생산과 소비 그리고 재생산이 반복되는 기계적 개발의 공간이 아니라 생활과 기억과 의미들이 간직되어 있는 그리고 그곳에 모여 사는 이들의 정서가 담긴 곳이다. 이러한 생활의 모습과 의미들이 아파트의 공간들과 함께 어우러질 때 진정으로 도시가 스스로의 생명력을 갖게 된다. 바로 이러한 도시 공간에 모여 사는 것 그리고 이를 다시 한 번 깊이 인식하고 도시를 대한다는 것은 지금의 우리에게 필요한 것이 아닐까 한다.

뾰족한 대지 위에 지은 〈남아현아파트〉(1970). 지하 1층, 지상 6층으로 1, 2층에는 상가가 있는 주상복합 유형이다. 예각의 북쪽 모퉁이가 매우 강렬한 이미지로 다가온다.

08 어울림과 비움의 실험 〈남아현아파트〉

1960년대에 지어진 아파트 대부분은 거의 알려진 바가 없다. 제대로 남아 있는 기록도 없거니와 그 가치를 평가 받기에는 체계적이지 못했던 당시의 건설 상황과 현재의 낙후된 모습이 우선될 뿐이다. 하지만 조금만 더 들여다보면, 의외의 건축적 공간들과 신선한 시도들을 만날 수 있는 곳이 바로 이 아파트들이다. 주거의 이론과 계획 방법들에 대한 기반이 약한 상태에서 지어졌지만, 참신한 시도가 있었던 곳들이다. 그중 하나가 바로 〈남아현아파트〉다.

의외의 발견
〈남아현아파트〉는 도심에서 그다지 멀리 떨어지지 않은 만리재 고개

북서측 산자락 아래 마포로를 따라 서 있다. 여느 시장 옆 골목길에 서 있는 건물처럼 그저 지나치기 쉬운 모습으로 서 있는 아파트다. 도로와 근접해 있기에 건너편에서 보면 그 낮은 시장 건물들 위로 건물의 전면이 드러나긴 하지만, 그 모습만으로는 〈남아현아파트〉의 새로운 사실들을 찾아보기가 쉽지 않다. 도로변의 길에서 건물로 점점 가까이 갈수록 코너의 예각은 매우 강렬한 이미지로 다가온다.

> "이 아파트는 1970년 1월 12일에 준공되었다. 처음에는 아파트가 지어진 것이 아니라 상가가 먼저 지어졌다. 그 당시에는 소금 공장이었다. 그 후에 아파트가 증축이 된 것이다. 건축주는 남아현 상가 주식회사이다. 이 아파트는 총 70세대인데, 42세대는 남아현 상가 주식회사가 소유하고 있고, 나머지 28세대는 분양되어 개인 소유로 되어 있다."[47]

〈남아현아파트〉는 개발 방식과 유지·관리 면에서 다른 점을 갖고 있었다. 처음부터 인근의 사람들이 모여 지주 중심의 주식회사를 설립하였고, 필지를 합쳐 아파트를 개발·시공하였다. 그리고 준공 이후 현재까지도 남아현 상가 주식회사가 아파트의 대부분을 소유하고 관리하고 있었다. 그래서인지 건물은 깨끗하게 잘 사용되어져 오고 있었다. 관리사무소 옆에 주거동으로 출입하는 계단이 보인다. 그곳을 지나면 〈남아현아파트〉의 참 모습을 만날 수 있다.

1960년대의 블록형 아파트
아파트 계획에 있어서 네모가 아닌 이형異形의 공간은 비효율적인 공간으로 인식된다. 기본적인 모듈과 면적, 사각형의 공간들의 조합, 그 안의 규칙성은 아파트의 계획에 있어서 효율성과 경제성을 만족시켜 줄 수 있는 중요한 원칙들이다. 계획 이론이 발전하고 아파트가 확장될수록 주동의 형태 역시 선형과 그 변형이 대부분이다. 지금은 초고층의 건물이 많아지면서 판상형이 아닌 탑상형의 아파트도 많아졌고, 평면에 있어서도 약간씩의 변화를 찾을 순 있지만, 기본적인 원칙에는 큰 변화가 없다. 아파트 단지는 대지와 상관없이 그 안에서 자기 완결적인 성격을 띠는 것이니, 어느 곳이든 비슷한 원칙이 적용될 수 있는 것 아닌가. 그것은 어쩌면 원칙과 방법, 효율성과 경제성이라는 부분을 취하면서 어쩔 수 없이 택해야 하는 선택일지도 모른다.

　　큰길에서 〈남아현아파트〉의 골목으로 들어서면 한 쪽을 차지하고 있는 뾰족한 모서리가 먼저 눈에 띈다. 한 쪽이 예각으로 되어 있는 대지의 형태 그대로 위로 올리다보니 불가피하게 만들어진 형태이다. 1960년대 지어진 아파트 중에는 지금의 아파트에서는 볼 수 없는 형태가 꽤 발견된다. 그리고 그러한 형태들 대부분이 도시의 형태를 그대로 받아들이고 있다. 필지의 외곽을 따라 오른 아파트, 구불대는 길을 면해 곡선을 그리는 아파트, 지형을 따라 자유로이 배치된 아파트……. 이러한 아파트들 대부분은 한강의 북쪽에 위치하고 있다. 도시 개발이 본격적으로 추진되면서 중심적 위치는 강남으로 넘어가고 그곳에 대단위의 아파트들이 들어서면서 네모반듯하게 구획된 필지 안에서 아파트들이 대량으로 들어서게 된다. 그러나 강북의 관 주도하의 개발 형식과는 다르게 작은 민간 회사나 개인 소유자에 의해 진행되었던 소규모 아파트들은 한 동 혹은 두 동으로 들어서는 경우가 많았다. 도시적인 차원에서 필지의 재구획이 이루어지지 않은 상태였기에 기존의 필지 그대로 아파트를 짓는 경우가 많았고, 규모가 좀 클 경우에는 그 상태에서 필지 몇 개를 합칠 뿐이었다. 그러하니 건물의 형상도 대지의 형상에 따라 결정되는 경우가 많아지게 된 것이다. 〈남아현아파트〉의 경우도 다르지 않았다.

이 시기에 지어진 아파트들은 블록형의 아파트들이 간간히 눈에 띈다. 외부로 주동을 두르고 가운데를 비워 두어, 공공의 공간으로 사용하는 블록형의 아파트는 국내에서는 잘 볼 수 없는 유형이다. 블록형의 아파트 계획적 배경에는 세대 수와 밀도의 영향이 가장 컸을 것으로 생각된다. 소규모의 이형 필지에서 단일의 주거 건물을 지으면서 채광과 환기를 위해 대지를 꽉 채울 수는 없었을 것이고, 결국에 대지의 주변을 꽉 채우고 가운데를 비우는 것이 가장 많은 집을 지을 수 있는 방법이었을 것이다. 당시 거의 공공에 의해서 진행되었던 대규모의

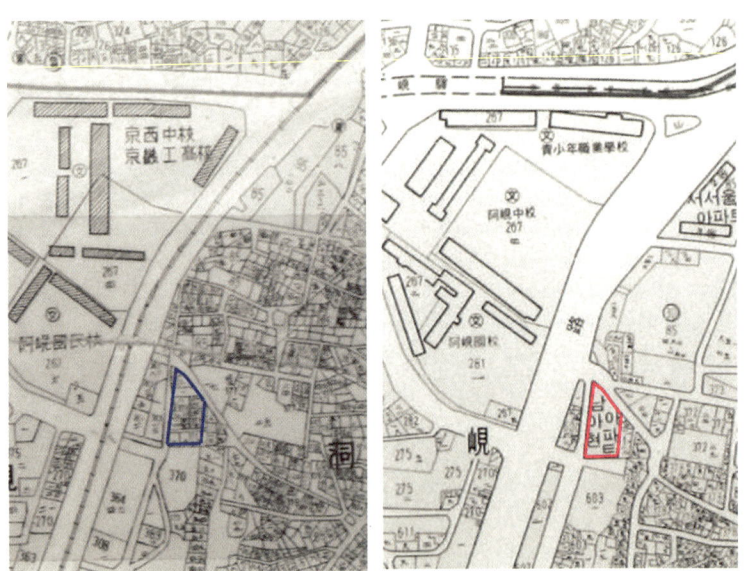

〈남아현아파트〉가 지어진 대지는 사다리꼴이다. 1966년과 1991년의 지도.

1층은 상가로 이용되어 바로 옆 남아현시장과 연속성을 지닌다.

단지에는 계획적 방법에 대한 연구들이 진행되고, 근린주구 개념과 옥외 공간에 대한 고려가 반영되었지만, 소규모의 아파트는 민간업자나 개인에 의해 추진되면서 거의 단위 세대들을 수직적으로 적층하는 수준에 그치는 경우가 많았다.

　　기존의 도시 구조 속에 삽입된 소규모 아파트의 특징 중 하나는 기존의 도시 기능을 그대로 수용한다는 것이다. 그러다 보니 대부분이 기존의 시장이나 골목과 면하면서 사람들의 접근이 많다 보니 저층부를 조그만 상점, 구멍가게로 이용한다. 이러한 길, 주변 환경과의 연속성은 도시가 가지고 있는 특성과 맥락을 그대로 이어줌과 동시에 가로를 활성화시켜 주어 자칫 도시와 단절될 수도 있는 아파트의 폐쇄성을 완화시켜 준다. 〈남아현아파트〉의 경우에도 저층부는 상가로 이용되면서 주변의 골목길, 그곳의 상점들과 어울려 그곳이 가지고 있던 시장 분위기를 그대로 살려 주고 있다.

비워 내기와 채워 넣기 : 아파트의 여유 공간

관리실 옆의 계단을 오르면, 복도 공간 너머로 빛이 들어오고 있는 중정이 보인다. 〈남아현아파트〉의 중심 공간 역할을 하고 있는 중정은 예전이나 지금의 아파트에서나 어디서도 볼 수 없는 새로운 공간을 보여 준다. 이 중정이 다른 곳들과 가장 큰 차이를 보이는 것은 층별로 달라지는 형태와 기능이다. 그곳을 비워내는 방식은 기존의 다른 어떤 곳에서도 볼 수 없는 공간을 만들었다.

　　가운데의 비워진 공간은 상부로 갈수록 점점 넓어지면서 층별로 단위 세대는 줄어들고, 그 조합도 복도를 기준으로 양쪽에 단위 세대를 배치하는 중복도형에서 한 쪽으로 배치하는 편복도형으로 변해간다. 단면상으로 보면, 마치 중정 바닥까지 빛이 고르게 들어오도록 의도한 듯하다.

층별로 형태가 다르다 보니 쓰임 또한 조금씩 다를 수밖에 없다. 건물의 3층이자 주거 공간의 1층에 들어서면, 약간의 넓은 듯한 삼각형의 빈 공간이 나온다. 건물의 두 개의 계단은 모두 이곳을 중심으로 연결되어 있다. 일종의 홀의 역할을 해 주는 것이다.

"내가 이곳에서 20년을 살았어요. 우리 애들도 여기서 자전거도 타고 그랬지. 꽤 넓으니까. 아파트 사람들이 모여서 회의도 하구……"

건물의 3층이자 주거 공간의 1층에 있는 삼각형 홀. 이 공간이 중정으로 이어진다.

아기자기하게 화분이 놓인 중정
은 진입 공간이자 뒷마당이다.

삼각형 홀에 바로 면한 집에 사시는 아주머니 한 분이 나와 이런저런 이야기를 해 주신다. 이곳에 서면 남쪽으로 열려진 중정의 모습이 그대로 보이면서 그 깊이와 변화가 느껴진다. 그 폭이 길이에 비해 약간은 좁은 듯도 하지만, 위로 갈수록 열려진 탓인지 답답한 느낌을 주지는 않는다. 1층의 중정은 서쪽 세대의 진입 공간이자 동쪽 세대의 뒷마당 역할을 한다. 집 앞에 아기자기 화분들을 가져다 놓았다.

위층까지 유사한 구조이던 아파트는 3층에 올라오면서 변화를 준다. 동쪽에 위치한 중복도형에서 중정을 향해 있던 세대들을 지워 낸 것이다. 그로 인해 3층의 세대들은 그 위치에 넓은 자기 마당을 가지게 된다. 동시에 아래층의 중정은 꽉 막힌 느낌에서 벗어날 수 있는 것이다.

그 위의 4층은 진입을 위한 복도만 허용함으로써 3층의 마당은 온전히 하늘을 향해 열리게 된다. 또한 4층에서는 서쪽의 세대를 올리지 않음으로써 좀 더 많은 빛이 1층의 중정까지 도달하게 된다. 4층에서 지붕을 걷어 낸 삼각형의 홀은 모두의 마당 역할을 한다. 사람들은 그곳에 꽃과 나무를 심기도 하고, 볕이 좋으면 빨래를 널기도 한다.

이토록 다양한 변화를 주는 열린 공간을 아파트에서 본 적 있던가. 개발 이윤을 위해서는 아파트에 가급적 많은 세대를 채워 넣어야 한다. 아파트를 지을 때는 법적 허용 범위 내에서 몇 세대나 지을 수 있고, 분양할 수 있느냐가 늘 중요한 문제로 대두된다. 그러한 논리에서 약간 벗어나 있는 이곳은 다른 아파트에서는 전혀 볼 수 없었던 여유 공간을 보여 준다. 적절히 채우고 조금은 덜어 내면 얼마나 좋은 공간이 될 수 있는지를 드러내 준다.

자연히, 의도하지 않고 만들었다기엔 〈남아현아파트〉에서 보이

는 공간들이 너무나도 섬세하게 채워지고, 비워졌다. 만나는 이마다 물어 보았지만 이곳을 누가 어떻게 계획했는지, 그 자료는 어디에도 남아 있지 않았고 누구도 알지 못했다.

다시 찾은 〈남아현아파트〉

〈남아현아파트〉를 처음 방문했던 것은 2002년이었다. 그로부터 4년여가 지나 다시 〈남아현아파트〉를 찾았다. 〈남아현아파트〉는 공사 중이었다. 다른 1960년대 아파트들이 모두 철거되고 신축되고 있는 상황에

〈남아현아파트〉처럼 내부의 중정이 다양한 아파트는 거의 없다. 개인주택같이 완전히 단절되진 않지만, 중정과 복도는 공적 공간과 사적 공간의 경계를 넘나들며 거주자만의 마당이 된다.

아파트 3층의 세대는 중정에 넓은 마당을 갖게 된다. 이렇게 여유로운 공용 공간을 요즘은 찾아보기 어렵다.

어울림과 비움의 실험 〈남아현아파트〉

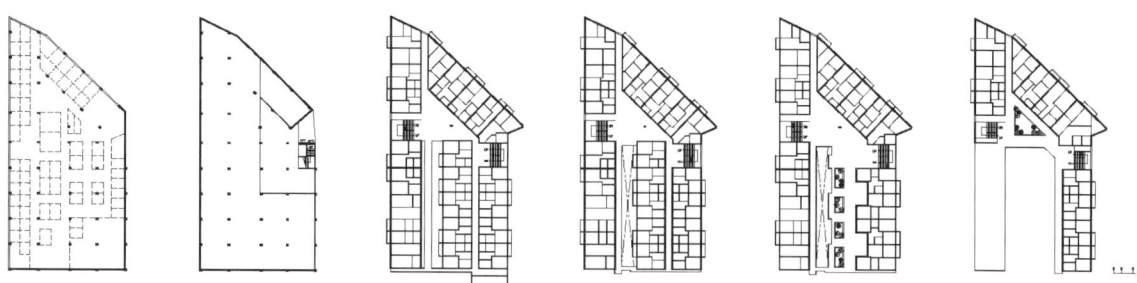

〈남아현아파트〉의 평면도. 중정은 전체의 중심 역할을 한다. 남쪽으로 열려 있고 위로 올라오면서 점차 넓어지는 중정 덕분에 볕이 잘 든다. 또 층간의 변화와 공간감이 풍부해진다.

서 〈남아현아파트〉는 철거가 아닌 리모델링 공사를 하고 있었다. 공사를 담당하는 회사에 잠시 양해를 구하고 들어가 보니, 대부분 집들은 비워졌고 내부를 철거하고 있었다. 사람이 살지 않아서인지 어수선한 모습은 이전과 다른 느낌이었다.

이름도 바꾸고 새롭게 지어지게 될 아파트의 모습은 어떠한 모습일까. 〈남아현아파트〉 공간이 사라진다는 것에 대한 아쉬움 반과 새로운 모습에 대한 기대 반으로 아파트를 나섰다.

최초의 단지형 아파트로 2차에 걸쳐 10개 동이 세워졌던 〈마포 아파트〉(1차 1962, 2차 1964). 대단위 아파트 촌村의 시대를 열었으나, 1991년 철거되어 그 자리에 〈마포 삼성아파트〉가 들어섰다.

09 미완의 진취적 표상 〈마포아파트〉

〈마포아파트〉가 위치했던 곳은 행정구역상 마포구 도화동이다. 마포麻浦는 뚝섬, 노량, 용산, 양화와 같이 한강의 수상 교통에서 중요한 위치를 차지하던 5개의 항만의 하나였다. 항만이니 서해안에서 들어오는 소금과 어물의 교류가 활발했고, 빼어난 주변 경관도 유명했다. 마포의 동 이름을 보면 이곳이 얼마나 자연의 요소와 관련 있는가 어렴풋이나마 알 수 있다. 공덕孔德은 많은 언덕, 서교와 동교는 다리(橋), 상수와 상암(수상리水上里에서 '상' 자를 따왔다.)은 물(水)과 관련해 지은 이름이다. 〈마포아파트〉가 위치했던 도화동은 복숭아꽃(桃花)에서 유래한다. 봄이면 많은 복숭아나무가 꽃피는 장소였다.

오랫동안 복숭아나무들이 자라나던 도화동은 기와 공장이 되었

 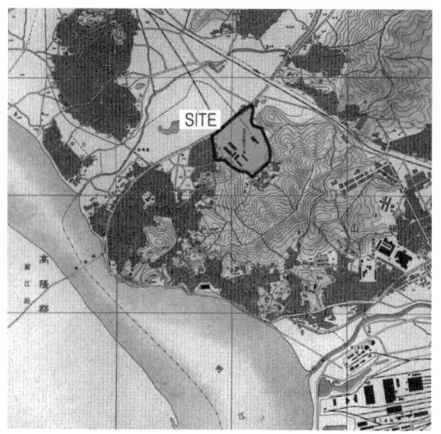

〈마포아파트〉의 대지에는 기와 공장이 있었다. '마포연와공장'의 전경과 기와 공장으로 표기된 1927년 간행 지도.

다. 1927년과 1936년에 간행된 용산 지역 지도를 보면, '마포 형무소 연와 공장'이라고 표기된 것을 볼 수 있다. 1945년 이 공장은 현재 서울 서부지방법원 자리에 있던 마포 형무소 시설의 일부로 일제강점기에 3·1운동으로 수감되었던 많은 항일 구국 민족운동가들의 작업 장소였다. 해방 이후 같은 용도로 이곳은 사용되었고, 〈마포아파트〉의 건설을 위하여 대지를 개발하기 전인 1957년까지 이곳에서 연간 269,499장의 기와가 생산되었다.

철도가 만들어지고, 수상 운송을 대체하면서부터 항구로서의 마포의 역할은 현저히 쇠퇴하게 된다. 공장 근처로 철도는 계속 확장되어 나갔고, 이러한 교통 체계의 변화는 공장을 포함한 근방의 시설에 큰 영향을 주었다. 도심은 점점 확장되었고, 〈마포아파트〉가 들어설 부지 역시 확장되어 가는 영역 안에 속해 있었고 이는 개발로 이어지게 된다.

1962년 〈마포아파트〉로 개발되기 전 대지의 전체 면적은 46,665제곱미터로 마포 형무소 연와 공장이 있던 곳은 마포 형무소의 농장지대로 이용되었다. 마포 형무소가 안양으로 이전하면서 방치되었던 터를 대한주택공사가 불하받게 된다. 이 땅은 한강의 범람이 잦았던 탓에 주로 자갈 토양이었고, 지반이 약하여 건물을 세우기가 쉬운 땅이 아니어서 이후 골조 공사에 어려움을 겪게 된다.

사회적 배경

1958년의 주거에 관한 통계 자료를 보면, 당시 마포구에는 3층 이상의 주거 건물이 거의 없었다. 아파트 같은 고층 건물을 짓는 일이 마포 지역에서 매우 드문 일이었던 것이다. 게다가 아직 근대 도시의 건물들이 지어지지 않았던 도시의 외곽에 위치하고 있었던 대지는 토지의 정리가 이루어지기 전이었다. 1927년의 지도에서 보듯 대지의 부정형적인 경계선은 이 대지가 아직 개발되지 않았음을 보여 준다. 계획 단계에서 〈마포아파트〉 대지는 간선도로까지 확장되었다. 그러나 대지의 경계와 형태는 바뀌지 않고 그 원형을 계속 유지했다. 이는 이후 대지가 기계적으로 분할된 무차별한 개발과는 매우 다른 방식이다.

〈마포아파트〉가 지어진 1960년대는 도시 계획 이론이나 방법은 거의 전무했고, 주거 시설은 매우 열악한 시기였다. 서울이 1936년 도시의 영역을 확장한 이후 1939년까지, 식민지 통치 아래 조닝 zoning, 도로 계획 및 정비, 녹지, 공원과 같은 근대적 도시의 계획 방법이 연구되었고, 실제로 조금씩 시도되고 있었다. 그러나 이러한 도시 계획은 일제강점기 말기의 갈등 때문에 본격적으로 실행될 수 없었다. 1949년 새로운 도시의 확장 후에 다시 한 번 도시 계획의 기회가 있었지만, 한국전쟁이 발발하면서 그 역시 실행될 수 없었다. 전후에 전쟁 이주자들은 도시로 이주해 왔고 도시화는 더 이상 억제할 수 없었지만, 복구 사업과 주택의 공급은 별 다른 시설 기반이 마련되지 못한 상태에서 진행될 수밖에 없었다. 그렇기에 〈마포아파트〉의 대지 역시 제대로 필지 구획이 되지 않은 채 기존의 필지 형태 그대로 개발됐다.

갑작스런 도시의 확장과 억제할 수 없었던 불법 거주지들 때문에 도시에는 열악한 주거 지역이 늘어갔다. 그중의 하나가 마포 근처 아현동과 공덕동의 언덕배기다. 이 시점에서 정부는 개선을 위한 정책과 해결책을 모색할 수밖에 없었다. 1960년의 국가 통계에 따르면, 도시 인구의 20퍼센트가 임시 주거지에 살았고, 주거의 공급은 수요에 비해 매우 모자란 68.2퍼센트에 불과했다.

주택 정책과 사회적 인식의 변화

1961년부터 주거에 대한 정부의 정책 중에 크게 두 가지 변화가 있었다. 하나는 주거 문제를 사회복지에서 경제적 차원으로 인식하기 시작한 것이다. 1948년부터 1960년까지 주택 시장에서 민간에 의한 개발과 공공 기관에 의한 개발은 둘 다 정부의 특별한 간섭 없이 자신이 주도적으로 진행해 나갈 수 있었다. 그러나 제3공화국이 들어서면서 새로운 정부는 국가적 발전 계획의 필수 불가결한 부분으로 주택 개발을 받아들였다. 주택 개발을 관련 산업의 발전까지 도모할 수 있는 경제적 산업으로 여긴 것이다. 이러한 양상은 주거 부문에 정부의 참여를 더욱 긍정적이고 활동적으로 유도했다.

또 다른 변화는 좀 더 효율적인 주택 개발을 위해 합법적이고 제도적인 체계를 만들어 나가기 시작했다는 것이다. 1962년에 주택영단은 대한주택공사로 이름을 바꾸고 주택의 개발에 좀 더 책임감을 가지게 된다. 새 이름으로 시작하는 첫 번째 야심찬 계획이 바로 〈마포아파트〉었다.

제1차 5개년 개발계획에서 주택 개발 부분의 시작이 〈마포아파트〉의 건설이었다. 정부 차원에서 진행되는 첫 번째 주택 사업인 만큼 국가적 차원에서 이루어지는 개발과 산업화에 대한 정부의 강력한 열망을 반영할 필요가 있었다. 계획 초기에는 이러한 부분이 의욕적으로 고려되었다. 하지만 과욕을 앞세웠던 초기의 계획은 단계를 거쳐 갈수록 당시의 능력으로 수용하기에는 너무 무리였다. 사업이 진행되면서 규모를 축소해야 했고, 계획했던 중앙난방 장치와 엘리베이터는 실현되지 못했다.

〈마포아파트〉 건설에 자금을 후원했던 미국 대외원조처(USOM, Unite States Operations Mission)는 처음 계획안을 반대했다. 그들은 선진적인 주거 건축물을 건설하기보다 한국전쟁 후의 피난민과 이주자를 위한 최소한의 거주지를 마련해 주는 데 더 관심이 있었다. 전후의 전기, 기름, 물의 공급이 부족했던 상황에서 엘리베이터, 중앙난방, 수세식 화장실은 너무나도 호화스럽다고 판단했다. 이러한 반대 의견과 이견을 보이는 여론을 수용하기 위해서는 원안의 구조와 규모를 축소할 수밖에 없었다. 그럼에도 나중에 완공된 미국 대외원조처의 구조는 고층 주거에서의 생활에 대한 인식과 수용에 영향을 줄 만큼 당시 상황으로는 충분히 큰 규모였다.

하지만 〈마포아파트〉가 완공되고 분양 초기에는 전체 세대의 십분의 일만이 계약이 되었다. 일반 시민에게 생전 본 적 없는 엄청난 구조의 집에서 생활한다는 것은 상상만 해도 두려운 일이었다. 사람들에게 아파트 생활이 잘 받아들여지지 않았고 심지어 연탄가스중독이 새로운 고층 아파트에서 치명적인 위험을 일으키는 원인이 될 수 있다고 알려졌다.

그러나 곧 상황은 바뀌었다. 아파트는 점점 대중적인 주거로 변해 갔고, 사람들은 입주를 위해 프리미엄을 지불해야 할 정도였다. 고층의 아파트가 전해 주는 새로운 조망과 단지의 서구적인 이미지는 아파트를 강한 매력의 주거로 보이게 했다.

건축가 엄덕문과 건축 이론

대한주택공사에서 발간했던 《주택》지의 7권(1961. 12.) 표지는 〈마포아파트〉의 투시도였다. 당시 주거 문화와 이론을 전문적으로 다루던 《주택》의 창간 시기와 〈마포아파트〉의 계획 시기가 비슷했던 만큼 〈마포아파트〉의 건축가 엄덕문은 창간호(1959. 7.)부터 3권(1960. 4.)까지 주거에 관련된 자신의 생각을 게재했다.

첫 연재에서 엄덕문은 주거 단지를 구성하는 방법, 주거 건물의 대지 계획과 배치를 주로 다룸으로써, 집합 주거를 계획하는 데 땅을 어떻게 다루며, 건강한 환경을 조성하기 위해서는 무엇을 고려해야 하는지 이야기하였다. 그중에서도 생활권 개념인 '근린주구론'(생활의 편리성, 쾌적성, 주민 간의 사회적 교류를 도모할 수 있도록 조성된 물리적 단위에 관한 개념)을 언급한 것은 주거 건물을 건축하는 데 있어서 기존의 전통적인 방법으로의 접근이 아닌 보편적 적용이 가능한 계획 이론을 수용하고, 그것을 기반으로 접근했다는 점에서 의의가 크다.

> 인보구는 보통 15~30호 정도로서 3~8세 유아의 놀이터가 각호에서 50~70미터 거리 내에 설치함을 원칙으로 하며 근린분구는 300~400호(인보구의 집단) 정도로 아동 8세 이상을 대상으로 한

아동공원을 설치하는 동시에 소비시설(야채, 주류, 과자, 미곡점 등)과 후생시설(이발관, 진료소, 약국), 교육시설(아동공원, 유치원, 탁아소)을 구비케 하고 근린주구는 근린분구의 수개집합체(2,000호)로 병원, 국민학교, 소년공원, 운동장, 우체국, 시장, 지서, 동회사무소를 설립케 하며 도시 계획의 종합 계획과 관련을 가져야 한다.

– 《주택》 1권, 대한주택공사, 1959. 7. 31쪽에서

한국의 아파트에서 근린주구 이론이 본격적으로 적용된 것은 〈잠실아파트〉로 알려져 있다. 실제로 642세대가 살 수 있도록 계획된 〈마포아파트〉에서 근린주구 이론이 제대로 적용되기에는 규모나 계획 방법에서 한계가 있었으리라. 하지만 최종 시공 도면에 명기된 주민을 위한 공동 시설들은 위에서 엄덕문이 나열하였던 시설들과 유사하다. 도시적 차원까지는 접근하지 못했지만 소규모 단지 차원에서의 근린 시설을 반영하기 위한 노력이 아니었을까.

엄덕문의 글 중에서 주거를 위한 대지는 편평扁平할 필요가 없다고 이야기한 부분이 흥미롭다. 오히려 그는 남쪽을 향해 조금 경사진 대지가 편평한 대지보다 더 좋다고 한다. 약간의 경사가 뒤쪽의 건물에 채광을 하기도 좋다는 것, 그러면서도 적당한 일조日照를 위해서는 동·서쪽의 경계선으로부터는 2미터, 북쪽의 경계로부터는 3미터의 거리가 유지되어야 한다고 주장한다. 이렇게 도시와의 관계, 땅과의 관계, 주변 환경과의

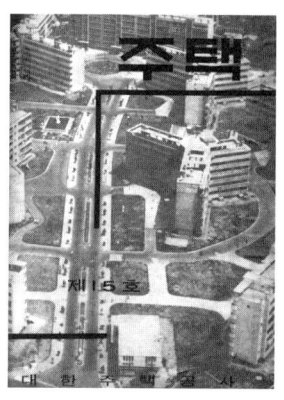 

〈마포아파트〉는 《주택》지 표지에 자주 등장했다.

관계, 자연 요소와의 관계를 폭 넓게, 깊이 있게 다룬 엄덕문의 글로 미루어 보면, 최초의 단지형 아파트인 〈마포아파트〉의 계획에서 배치가 매우 중요하게 다루어졌으리라 짐작할 수 있다.

《주택》의 두 번째 글에서 엄덕문은 미래의 주거를 이야기한다. 사실 그 미래도 현재의 시점에서는 과거일 뿐이니, 지금 본다면 지나간 이야기로만 읽힐 것이다. 하지만 여전히 좌식 생활이 주를 이루던 때에 입식 생활을 고려하여 계획한다는 것, 단층의 주택을 짓는 데서 벗어나 고층의 집을 짓는다는 것은 건축 계획에 있어서 획기적인 변화이자 새로운 방법의 시도를 요구했다.

엄덕문은 앞으로의 주거를 만들어 나가면서 고려할 사항을 다음과 같이 언급했다. 새로운 라이프 사이클, 건물의 형태, 경제적인 건물의 구조, 건물의 입면, 건물의 재료들, 천정고와 정원. 즉, 사회적·문화적 변화에 따른 주거 생활의 변화를 인식하고, 그것을 반영하는 내·외부 공간의 계획, 근대라는 시대적 상황에 맞는 효율적인 시스템과 경제적인 구조의 건축물을 구현하여야 함을 말한 것이다.

그 글에서 엄덕문은 내부 공간으로부터 점점 외부의 형태와 재료에도 눈을 돌렸다. 불필요한 형식주의에 의해서 만들어지는 과장된 구조를 배제하고, 경제적 건물 구조를 지향한 데서 근대건축관觀을 추구했음을 짐작할 수 있다. 그와 동시에 중요하게 다루어진 것은 외관의 구성이다. 돌·벽돌, 벽돌·하얀 시멘트, 나무·벽돌, 나무·시멘트 또는 강철 등 서로 다른 재료의 조합이 만들어 내는 선과 면에 의한 조화, 창의 형태와 그 배열이 만들어내는 입면상의 균형, 더 나아가 외부에서 거실 벽으로 이어지는 재료의 연속성까지 다양한 측면을 말한다. 〈마포아파트〉의 벽에서 보이는 벽돌과 하얀 시멘트의 조합, 창의 배치에서 보이는 직선의 규칙성 등은 이러한 아이디어에서 비롯된 것이다.

　　세 번째 연재에 이르러 그는 가장 근본적인 화두를 던진다. 주거에서 공간은 무엇인가? 공간은 어떻게 계획될 수 있나? 어떠한 유형의 공간이 존재하는가? 그러한 공간이 현재 확장될 수 있는가?

　　'공간'의 사전적 의미부터 시작하여 그것이 내포하는 많은 이야기를 끄집어 낸 그의 글은 지금 우리의 고민과도 닿아 있다.

그림과 현실 사이의 거리

건축가는 자신이 생각하는 이미지를 전달하기를 원한다. 그것을 가장 극적으로 보여 줄 수 있는 도구가 그림이며, 건축에서 건축물을 보여주는 그림은 투시도다. 〈마포아파트〉의 계획 당시 그려진 투시도에서 보이는 건물의 시점과 역동성은 새로운 주거 건물에 대해 건축가가 가지는 낙관적 전망과 이상을 보는 듯하다. 지붕선과 복도의 과장된 수평선이야말로 근대건축물의 상징이다.

　　　고층 건물이라도 벽면과 창 등으로 횡선을 강조하야 외관을 구성
　　　하는 게 근대건축이라 하겠다.
　　　　　　　　　　　　　－《주택》 2호, 대한주택공사, 1959. 11. 45쪽에서

　　그림 속의 〈마포아파트〉에는 넓은 녹지와 자동차가 있다. 전후 복구의 시기에 상상도 할 수 없는 너무나도 호사스러운 광경이다. 투시도의 전경에 넓게 펼쳐진 푸르른 녹지는 낯설어 이국적으로 보이기까지 한다. 하나의 소실점을 향해 쭉 뻗어 나간 건물을 배경으로 서 있는 자동차들은 새로운 생활이 가져다 줄 풍요로운 유토피아의 모습이다.

〈마포아파트〉의 투시도. Y 타입과 I 타입 모두 실제보다 4층이나 높은 10층으로 그려졌다.

〈마포아파트〉의 투시도만 봐도 그 원대한 계획의 야심찬 출발이 보인다. 투시도는 완공될 모습을 그대로 재현할 목적이 아니라, 건축가의 의도를 극적으로 드러내는 수단이니 실재와 그림이 꼭 닮는 것은 아니다. 완공된 〈마포아파트〉와 비교해 볼 요량이면 투시도는 다소 비현실적으로 느껴지기까지 한다. 건물이 지어지는 과정에서 현실적인 문제와 부딪치면 계획에서 의도한 부분도 생략되거나 변형되었다.

〈마포아파트〉의 실제 모습을 생각하고 본 투시도가 과장스럽게 느껴지는 까닭은 규모 때문이다. 그림 속 아파트와 실제 〈마포아파트〉는 4층의 차이가 난다. 정부의 의욕적인 청사진 속에서 〈마포아파트〉는 10층 건물로 엘리베이터가 있고, 중앙 설비 시스템이 구비된 최신식 건물이었다. 그러나 현실 속 건물은 6층으로 낮아질 수밖에 없었다. 추후 고층 건물의 건축비를 충당할 만큼 아파트 입주자를 모을 수 있을지 확신이 없던 탓에 건설 비용은 예산 안에서 결정되어야 했다. 마찬가지 이유로 엘리베이터 역시 설치될 수 없었고, 중앙 설비 시스템은 개별난방 시스템으로 대체되었다.

조감도를 보면 배치와 건물의 형태 역시 차이를 보인다. 실제 〈마포아파트〉는 2차에 걸쳐 지어졌다. 1차에는 Y 타입의 주동 여섯 개, 2차에는 I 타입의 주동 네 개가 들어선다. Y 타입은 방향성이 모호한 형태다. 가운데에서 일정한 각도로 뻗어나간 각 세대들은 한 주동이라도 3개의 다른 향과 조망을 가지게 된다. 그에 반해 I 타입은 확실한 방향을 가지고 있을 뿐 아니라, 형태적 특성상 전면과 후면이 확실해진다. 이후 I 타입의 주동이 판상형이라 불리며, 아파트 건설에서 활성화된 데에는 전 세대에 동일한 향을 확보할 수 있을 뿐 아니라 외부의 영역을 분할하기 쉽다는 요인도 작용했을 것이다. 〈마포아파트〉에서 2차에 지어진 I 타입 4채는 Y 타입 6채를 감싸 안으면서 단지의 외부와 내부의 영역을 확실하게 구획해 준다.

하지만 조감도의 배치와 주동의 형태는 실제 배치와는 또 다르다. 조감도에는 주동 형태가 하나 더 보이는데, 바로 T 타입이다. I 타입과 T 타입, Y 타입 세 개의 주동 형태와 배치를 연관시키면 흥미로운 점을 보게 된다. 초기 계획시 〈마포아파트〉의 대지는 간선도로 너머까지 확장되었었다. 기존의 도시 구조를 그대로 수용하면서 대지의 경계를 구획한 것이다. 간선도로 너머로는 I 타입이 배치되고, 그 너머 맞은편에 T 타입이, 그리고 본 대지로 들어올수록 Y 타입이 자리를 잡게 된다. I 타입의 주동이 바로 도로와 맞닿아 있는 반면, Y 타입은 주변의 녹지와 마당을 향해 열려 있다. 마치 단지의 외부에 있는 간선도로에서부터 단지 내부까지의 대지의 특성과 도시적 상황을 단계적으로 보여 주듯이 주동의 형태 역시 I에서 T로 Y로 변화한다.

계속 조감도를 들여다보면, 간선도로에서 연계된 하나의 주도로와 두 개의 부도로, 총 3개의 내부도로가 쿨데삭Cul-de-sac의 형태로 계획된 점도 놓칠 수 없는 요소다. 도로의 끝에는 원형의 녹지와 순환도로가 형성되면서 그 주변의 Y 타입의 주동들이 감싸고 있다. 실제로 지어지면서 가운데의 주도로가 빠져 이 쿨데삭의 형태는 많이 약화되었다. 하지만 여전히 가운데 단지 전체의 주도로가 단지의 끝에 가서 쿨데삭의 형태를 취하면서 Y 타입의 주동과 맞닿아 있다. 이 주도로에서 뻗어 나온 부도로들은 주동의 현관까지 연결되면서 전체의 단지의 움직임을 만들어 주고 있다.

이후의 한국의 주거 단지들이 좀 더 정형적이고 규칙적 배치가 주를 이루었던 것과 비교했을 때, 지금에 와서 다시 보는 〈마포아파

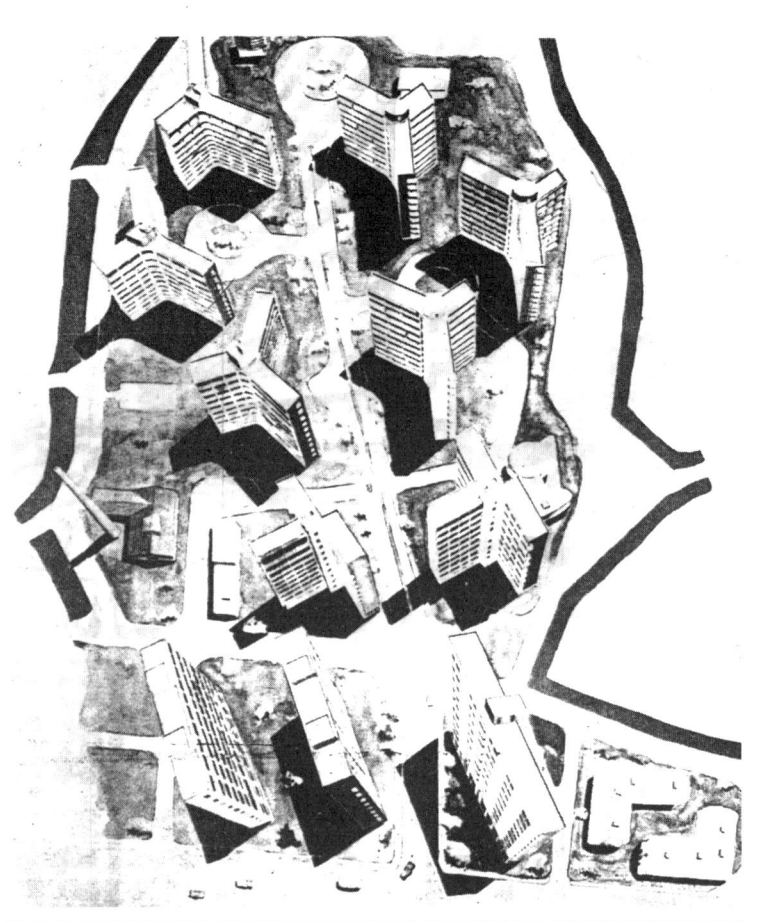

〈마포아파트〉의 조감도와 모형. 여기에는 건설되지 않은 T 타입의 주동이 보이고, I 타입도 실제와는 다르게 배치되어 있다.

트〉의 배치 방식은 독특하면서도 신선한 느낌마저 준다. 특히나 조감도에서 볼 수 있는 스케일과 계획적 요소들은 비록 실현되지 못했으나, 〈마포아파트〉의 의미를 다시 돌아보게 한다.

서구적 생활양식의 구현

건축은 시대를 닮는 그릇이란 말이 있다. 건축이 만들어 내는 물리적 환경이 중요한 의미를 갖는 것은 그것이 시대, 사회, 사람이 살아가는 모습과 관련이 있기 때문이다. 그렇기에 건축가는 계속 변하는 사회와 삶의 모습에 예민하게 반응할 수밖에 없다. 그것이 주거를 만드는 일이라면 더욱 더 그러하다.

건축가 엄덕문의 글에서 볼 수 있듯이, 근대의 도래와 함께 찾아온 서구적 생활상을 사람들이 외면할 수 없었다. 1960년대 초 아파트라는 새로운 생활양식은 그 높이와 크기뿐 아니라, 평면과 실내 공간에서도 변화를 가져 왔다. 건축가는 변해 가는 가족의 관계, 여성의 지위, 편리함에 대한 인식, 공간의 경제성과 합리성 등 다양한 개념에 대한 아이디어를 고민하고 또 고민했다.

〈마포아파트〉의 평면 곳곳에서 그 흔적을 찾아볼 수 있다. 우선 거실에서 전통적인 온돌 마루가 사라졌다. 〈종암아파트〉를 비롯한 초기의 아파트가 온돌 마루로 인해 거실 바닥을 다른 공간보다 불쑥 높였던 데 반해 〈마포아파트〉는 세부 단면도에서 보듯 콘크리트 슬래브로 평평한 바닥을 만들었다. 부엌 조리대의 높이, 욕조와 수세식 변소의 설치가 모두 서구의 생활양식을 수용하려는 흔적이다.

〈마포아파트〉의 평면은 면적에 따라 네 가지로, 평면의 유형에 따라 일곱 가지로 분류된다. 모든 유형에서 거실은 가장 중심되는 위치를 차지하고, 거실과 방은 벽으로 분리되어 있다. 그러나 미닫이문을 이용하여 두 공간을 열어 둘 수 있도록 배려하였다. 거실과 방 사이의 벽을 이용하여 만든 붙박이장은 가구를 줄이기 위해 세심하게 노력한 계획이다. 부엌과 화장실은 경제적 배관 설비를 위해 함께 하나의 영역을 형성했고 연탄가스를 배출하는 수직의 굴뚝 샤프트는 외부와 직면할 수 있게 고려되었다. 모든 단위 평면은 조리를 위한 준비, 세탁, 옷을 널고 말리는 일, 집 안 도구의 저장과 같은 소소한 집안일을 위한 공간인 발코니를 가지고 있다. 〈마포아파트〉의 단위 평면 계획은 서구의 생활양식과 경제성을 고려한 디자인을 추구해 근대적 특성을 보여 준다.

물론, 모두다 계획대로 편리하고 경제적인 공간으로 쓰였던 것은 아니다. 의도만큼 제 역할을 하기에 발코니와 복도의 공간은 너무나

Y 타입과 I 타입의 평면도.

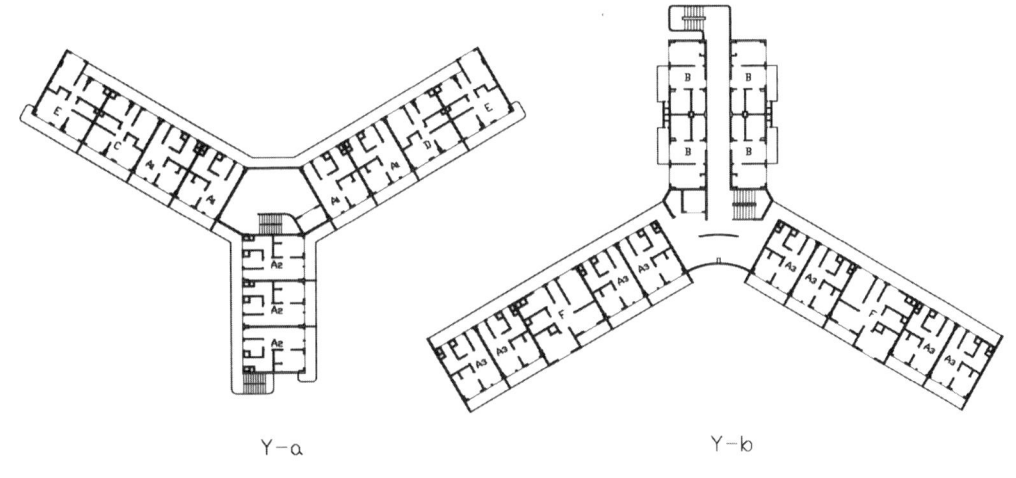

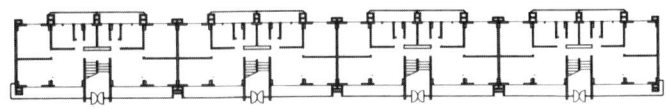

좁았고, Y 타입 주동의 초기 입주자들이 불편함을 느끼는 원인이 되었다. 이로 인해 I 타입 주동을 지었던 2단계 건설에서는 약간의 변화가 있었다. 복도식이 아닌 계단식 아파트가 들어서는 계기가 되었다. 이는 한국 최초의 계단식 아파트였고, 각각의 세대에 최대의 프라이버시를 제공하게 된다.

옥외 공간에서도 이전에는 볼 수 없었던 요소들이 보인다. 녹지, 공원, 상점, 운동장 같은 공공을 위한 시설이 이전의 아파트에서는 보이지 않았다. 이것은 〈마포아파트〉가 단지라는 개념을 바탕으로 도시 공간 속에서 새롭게 이루어지는 공동체의 삶에 대해 고민했음을 보여 준다. 〈마포아파트〉가 지어질 당시 일반 시민들의 주거 공간에서 서구식 조경, 조각, 넓은 녹지와 운동장 등은 낯선 것이었다. 그리고 이런 요소

단지 안에 공원과 놀이터, 녹지 같은 공공 시설이 함께 있다. 이전에 지어진 아파트에서는 볼 수 없던 모습이다.

와 함께 각 세대별로 구비되었던 보일러, 난방기, 빨간 커튼까지 구석구석 보인 아이템들은 서서히 사람들에게 매력적인 요소로 다가갔다.

'아파트 시대'를 열다

1961년 10월 1일 본격적인 공사가 시작되어 2단계 공사가 끝나고 10개의 콘크리트 구조물이 대지에 세워졌다. 시공할 분량이 너무 많아 당시의 기술력으로는 한 회사가 모든 것을 맡기 어려웠다. 결국 발주처인 주택공사는 한 회사로 추진할 수 없다고 판단해 신양사, 건설산업, 신광토건, 삼부토건, 현대건설 등 5개 사와 공사를 진행했다.

    1960년대 초반만 해도 철근 콘크리트 구조로 지어진 건축물은 아주 적었다. 〈우남빌딩〉(1956~1961, 구조기술자 김장우, 지상 8층), 〈그랜드빌딩〉(1959, 지하 1층·지상 7층), 〈메트로 호텔〉(1960, 건축가 김태식, 지상 11층), 〈유네스코〉(1959~1966, 건축가 이전승, 구조기술자 함승권, 지하 1층·지상 13층) 정도가 철근 콘크리트 구조로 알려진 건물이다. 철근 콘크리트 구조물로 지어진 주거 건물을 찾아볼 수 없었다. 그만큼 주거 건물이 고층으로 지어지는 경우는 예외적이었다. 그런 상황에서 철근 콘크리트 구조물을 시공하기 위해서 필요한 콘크리트 믹서와 압축기가 아파트 공사에 이용된 것은 〈마포아파트〉가 처음이었다. 그렇기에 〈마포아파트〉는 아파트 건축물뿐 아니라, 한국의 고층 건물 역사의 거대 구조물로서도 그 의미가 충분히 크다.

> 〈마포아파트〉의 철근 콘크리트 구조는 한국에서는 드문 구조였다. 고층 건물들의 초기 단계인 1960년대 초에 경험한 〈마포아파트〉 건설은 매우 가치 있는 일이었다.

- 《현대건설 50년사》 중에서

〈마포아파트〉 완공 후 나타난 두 가지 현상은 이후의 주거 문화에서 〈마포아파트〉가 가지는 역할의 무거움을 보여 준다. 하나는 주거를 대량으로 건설하면서 평면을 복제해 나갔다는 것이다.

〈마포아파트〉와 동일한 Y 타입과 I 타입의 주동 형태는 〈마포아파트〉 완공 이후 용산, 광주, 대전 등지에 정부 관료들을 위해 지어졌다. 그 시기는 1966년과 1967년 사이에 집중되었다. 정부 관료들을 위한 552개의 단위 세대는 〈마포아파트〉처럼 Y 타입과 I 타입의 주동 안에서 계획되었다. 전혀 특성이 다른 지역과 대지 안에서 같은 평면과 주동의 유형을 사용한 것은 단시간에 대량으로 집을 짓고자 했던 정부의 목적을 보여 준다. 이후에 그 형태는 I 타입으로 고착되긴 했지만 평면, 형태의 복제와 대량 건설에 대한 측면은 한국 주거 개발에서 가장 중요해졌다.

또 하나는 주거의 유형으로써 사람들이 고층 아파트 생활을 받아들이기 시작했다는 점이 흥미롭다. 기껏해야 2층 주택에서 사는 데 익숙했던 사람들에게 〈마포아파트〉가 보여 준 압도적인 높이는 그야말로 경천동지할 일이었다. 〈마포아파트〉의 완공 사진을 보면, 도시 공간 속에서 이질적으로 느껴질 만큼 거대한 스케일과 밀도의 차이가 느껴진다. 이웃한 집들과 비교해서 두드러지게 높이 솟아 있는 웅대한 구조물은 기존의 낮은 건물들과 한 공간에서 묘하게 대립되면서 고층의 주거 건물로서의 특징을 확연히 드러낸다.

고층 아파트를 방문한 사람들은 꼭대기 층에 사는 사람이 그 높이에서 잠을 잘 수 있는가 의문을 가질 정도였다.[48] 그러나 곧 사람들은 자신이 그런 높은 층에서 잠을 자는 것을 당연하게 받아들이고, 오히려 더 높은 아파트를 원하게 된다. 지금은 오히려 높을수록 살기 원하는 사람이 많으니 50여 년 동안 주거에 대한 인식이 얼마나 많이 변하였는지를 알 수 있다.

〈마포아파트〉 초기에는 전체 세대 수의 십분의 일 정도밖에 입주자가 없었다. 게다가 이사온 사람도 계속 결함이 발견되는 설비 시스템 때문에 큰 불편과 심지어는 위험까지 감수해야만 했다. 기온이 내려가면서 입주하지 않은 빈 세대의 설비 파이프가 잘 관리되지 않아 부서지기도 했고, 그로 말미암아 연탄가스의 환기도 원활하지 않았다. 그러나 서서히 〈마포아파트〉가 대중적 주거 공간으로 인식되면서, 대한주택공사에서는 아파트 개발을 계속할 힘을 얻었다. 뒤를 이어 〈문화촌아파트〉(11개 주동, 456세대)와 〈정릉아파트〉(8개 주동, 162세대)가 지어지면서 본격적인 '아파트 시대'를 열게 되었다.

IV
아파트의 문화적 풍경

01 문학 속의 아파트:
이야기에 담긴 역사와 시각

현실을 기반으로 한 문학은 사람들이 살아가는 공간을 어떻게 체험하고 그것을 어떻게 의식 속에서 각인하고 있는지를 이해할 수 있도록 도와 준다. 문학이라는 매개체[1]를 통하여 삶의 기반인 도시 공간에 대한 체험과 인식을 엿볼 수 있다. 결국 문학이 도시, 건축과 만나면 이제는 볼 수 없는 역사의 단편을 담아 낸 기록의 역할을 하기도 하며, 시대를 관통하는 시각을 엿보는 기회를 제공하기도 한다.[2]

50여 년의 시간이 흘러 도시 공간의 보편적인 주거 형태로 자리잡은 아파트는 단순히 물리적 공간으로서의 실체를 넘어 사회적 현상, 역사적 변화와 끊임없이 관계하는 장이기도 하다. 작가들은 도시 공간 속 아파트의 모습과 경험을 그들의 감성을 통해 소설과 시에 담아냈다. 우리 그리고 우리네 부모의 모습. 그들이 살아 왔고 그들의 자식들이 살아갈 이 땅과 그 위에 세워진 집에 대한 이야기를 통해 지나온 시간을 거슬러 올라가 볼 수 있다.

여기서는 아파트가 처음 등장하여 받아들여지기까지의 모습을 중점적으로 다루며, 현대에 들어 일상적 공간이 된 아파트를 바라보는 시각이 어떻게 이어지고 있는지 살핀다. 시민들의 삶의 터전이 되고자 했던 아파트가 제대로 자리 잡지 못한 배경과 놀라움과 부러움의 대상이던 아파트가 일상적 공간으로 자리 잡기까지, 그리고 그것을 바라보는 부정적 시각을 문학의 프리즘을 통해 들여다본다.

아무리 지어도 턱없이 모자란 집

한국전쟁이 지나간 후 수많은 주택이 파괴되었고, 주거 상황은 더욱 열악해졌다.³ 더군다나 서울로 피난 온 월남민들과 시골에서 올라온 상경민이 많아지면서 인구는 더욱 늘어만 갔고, 그들이 내 집, 내 방 한 칸을 가지기는 매우 어려웠다. 빈민촌, 피난촌이라 일컫는 불량 주택지의 수는 늘어 갔고, 서울 시민의 반 정도는 내 집 살이가 아닌 셋방살이를 하거나 불량 주택지에 만족하며 살아갈 수밖에 없었다.

> 서울에서 태어나 서울에서 살고 있거나, 친척이나 친지의 집에 기류계寄留屆를 붙여 들어온 사람들은 이 도시都市의 자랑스런 시민市民이 될 작은 소지巢地를 얻는 것이 얼마나 어려운 일인가를 알지 못한다. 그러나 기댈 만한 친척이 없이 삭월셋 방 한 칸 얻어 살 돈 마련도 없이, 이 자랑스런 도시의 자랑스런 시민이 되고자 하는 욕심 하나로 무작정 서울역에 내려서 버린 사람들은 그것이

얼마나 힘든 일인가를 알게 된다. 그리고 그 사람들은 이 서울에 그처럼 많은 불빛들과 창문들이 많아도 자기 몸뚱이 깃들일 곳을 위해서는 이 도시가 얼마나 비좁고 매정한 곳인가를 배우게 된다.

– 이청준, 〈이청준 연보〉, 《자서전들 쓰십시다》, 열화당, 1977, 6쪽에서

이런 주택 보급의 필요성은 당시 국가 정책에서 중요하게 다뤄졌다. 위정자의 지배 이념이었던 근대화 이데올로기와 부합되면서 아파트가 주택 건설의 새로운 대안으로 등장하게 된다. 1958년 〈종암아파트〉를 시작으로 서울 여기저기에 아파트가 들어섰고, 새로운 주거 유형인 아파트를 처음 보는 사람들에게는 충격으로 다가왔다.

머리 위에서 불을 때고 그 머리 위에서 또 불을 때고, 오줌똥을 싸고, 그 아래에서 밥을 먹고, 그러면서 자식을 키우고 또 자식을 낳고, 사람이 사람 위에 포개지고 그 위에 또 얹혀서 살림을 하고 살아간다는 것이었다. 딸은 몰라도 아들을 키우는 데는, 서는 경우 머리 위에 걸리는 것은 대들보요 눕는 경우에 맞닿는 것은 벽뿐이어야 했다. 그래야 사내가 크게 되고 이름 높은 사람이 되는 것이었다. 아들을 뉘어 놓고 에미라 한들 어디 감히 머리 위를 지나칠 수 있단 말인가. 어찌됐건 서울사람이란 보배운 데 없고 징상스러운 인종들이라 싶었다. 그런데 더욱 놀란 것은 그 아파트라는 집이 상상할 수조차 없도록 비싼 것이었다.

– 조정래, 《비탈진 음지》, 해냄, 1999, 112~113쪽에서

조정래의 소설 《비탈진 음지》는 1960년대 처음으로 아파트를 접

하는 이들에게 다가왔을 이미지의 한 단면을 엿볼 수 있게 한다. 아파트가 진화해 가면서 생긴 주거 생활의 변화 중 하나는 부엌과 욕실, 화장실 공간이 실내로 들어왔다는 것이다. 신흥 주택과 아파트에서 서구식 생활양식을 반영하여 부엌과 화장실을 실내 공간으로 처음 만들었을 때만 해도, 이는 사람들 눈에 참으로 이상해 보였을 것이다. 전통 주택이라는 것이 비록 방 한 칸은 작아도 널찍널찍한 외부 공간을 쓰며, 부엌이나 화장실은 응당 본채에서 떨어져 있는 것이라 여기던 사람들에게 그야말로 '머리 위에서 불을 때고, 오줌통을 싸고, 그 아래에서 밥을 먹'는다니 '징상스러운' 일일 수밖에.

전후 산업화와 근대화의 급격한 변화의 물결 속에서 아파트는 문화적 이질감뿐 아니라 가치관의 혼란마저 일으키는 불순한 존재였다. 특히 주거가 층층이 적층되고 벽과 벽을 서로 맞대고 지어지는 데서 볼 수 있는 근대성은 이전의 거주 공간에 대한 여유로운 생각을 와해시켰다. 얇은 콘크리트 벽 하나를 사이에 두고 아무 일 없다는 듯 살아가는 사람들에 대한 적나라한 묘사는 전통적 가치관이 남아 있던 주인공에게 미쳤을 커다란 충격을 대변해 준다. 시골에서 올라온 주인공에게 아파트는 처음에 주택이 아닌 공장으로 보였을 만큼 이질적인 주거 공간이었다.

1962년 최초의 아파트 단지인 〈마포아파트〉의 준공을 시작으로 아파트의 공급은 더욱 박차를 가하였지만, 아파트 건설이 부족한 주택 문제를 해결해 주기에는 한계가 있었다. 사람들은 여전히 서울을 향하고 있었지만, 집은 턱없이 부족했다. 고향을 등지고 올라온 사람 태반은 판잣집 같은 불량 주거에서 살았다. 아무리 아파트가 들어서고 서울의 풍경을 채워 나간다 한들 집을 장만하기는 너무나도 어려웠다.

이러한 이질감과 함께 아파트에 사는 '가진 자'와 그렇지 못한 '못 가진 자'의 계층 위화감 역시 커졌다. 따라서 서울로 올라온 사람은 시골을, 서울에서 살아 온 이는 과거의 모습을 그리워하게 만들었다.

> 마포아파트가 서 있는 도화동이 저렇게 내려다보이고 그 너머로 한강이 흘러가고 오른편으로 공덕동이 마주 있고, 철길 건너로는 신공덕동, 만리동이 이어지고, 벼랑 밑으로 들고 나오는 당인리 발전소로 가는 낡은 기관차 소리도 어딘가 서울 같지 않은 인정을 풍겨 주었다.
> ……(중략)……
> 서울에 동도 많고 사람 많지만 사람 사는 고장다운 젖은 정감을 느낄 수 있는 동이 얼마나 될까. 중심가 쪽은 날고뛰는 신식 도깨비들이 나돌아 가는 곳일 터이고, 한다한 고급주택들이 늘어서 그렇고 그런 동은 썰렁썰렁하게 '공견주의恐犬注意' 같은 팻말이나 대문에 붙여 놓고 높은 담벼락 위에도 쇠꼬챙이에 삐죽삐죽한 사금파리나 해 박았을 터이고 아래윗집이 삼사년을 살아도 피차 인사도 없고 냉랭하게 지내기 일쑤다.
> 이에 비하면 서민촌은 훨씬 사람 사는 냄새가 난다. 같은 서민촌하고 금호동 해방촌 같은 곳은 요 근래에 급하게 부풀어 올라서 그런 뜨내기다운 냄새가 풍기지만 도원동, 도화동, 만리동, 공덕동 근처는 서울 본래의 서민 냄새가 물씬거리는 분위기는 서울 치고도 외진 이 근처에 짙게 깔려 있는 것이다.
> - 이호철, 〈서울은 만원이다〉, 《한국문학대표작선집 18》, 선일문화사, 1994, 307~308쪽에서

그러나 아파트에서 바라보는 풍경은 외부 사람들이 바라보던 풍경과는 기실 달랐을 것이다. 분명 아파트에 올라서서 바라다보는 서울의 풍경은 이전의 주거에서는 느끼지 못한 새로운 감각을 전해 주었다. 아파트에서 산다는 것은 '내려다본다'는 행위와도 직결되었다. 내려다보기는 아래의 공간과 자신을 분리시켜 주면서 관찰자가 되도록 한다. 복잡한 세상에서 벗어나 그것을 내려다보는 행위는 건물이 고층화하면서 가능해졌고, 아파트에 산다는 것은 내려다본다는 행위와도 밀접한 관계가 있다. 처음에는 저 높이에서 어떻게 사나 싶었던 사람들도 시간이 가고 적응이 될수록 높은 지대에 지어진 아파트의 창을 통해 내려다보면, '상승'[4]을 통한 만족감을 얻을 수 있었다.

> 창문으로 보는 서울은 아름다웠다. 유독 밤의 전망은 아름다웠다. 아파트의 부대시설 가운데의 하나로 이 창문에서의 전망을 꼽고 싶은 게 준구의 심정이다. 저기서 우글거리는 저 많은 사람. 그 많은 악. 약간의 선 — 아직 삶을 모르는 사람들의 감상과 출세주의자들이 선거 공약처럼 휘두르는 실속 없는 말의 모습을 지닌. 그리고 어떤 시인의 한 줄 속에 불꽃처럼 일었다. 스러지는 — 그런, 약간의 선이 어우러진 저 밀림. 그것을 높은 나무 위의 둥지에서 내려다보는 한 마리의 새 — 로 자기가 느껴지는 자리의 창. 그래서 준구는 이 방이 좋은 것이다.
>
> - 최인훈, 〈하늘의 다리〉, 《하늘의 다리/두만강》, 문학과지성사, 1978, 65~66쪽에서

이렇듯 1960년대와 1970년대 초기의 아파트는 낯설고 이질적인 존재이자, 한편으로는 가진 자만이 누리는 특권이었다. 피난민과 상경

민에게는 냉소의 대상이자 경이로운 대상이었다.

소시민의 삶과 아픔

1968년 시민아파트 건립 계획이 발표되면서 아파트 건립은 활성화되기 시작했다. 아직 대중적인 주거지로 자리 잡기에는 한계를 보였고, 그 와중에 서민들이 아파트를 불신하게 되는 충격적인 〈와우아파트〉 붕괴 사건이 일어났다.

> 하늘에 거대한 구멍이 뚫린 듯, 희망이 산산 박살난 듯
> 와우 아파트는 무너져 내린 다음에도
> 와르르 소리를 여전히 외치고
> 와르르 소리는 그 밑에 다닥다닥 붙어 있던
> 판잣집들을 아직도 덮치고 있었다
> 거대한 것이 약한 것을 짓누르고 있었다
> — 김정환, 〈와우아파트〉, 《김정환 시집》, 이론과실천, 1999.

김정환의 시 〈와우아파트〉는 참담한 상황을 함축적으로 보여 준다. 당시 시민아파트는 산등성이에 지어지는 일이 태반이었다. 여기서 표현된 대로 〈와우아파트〉가 무너질 때 아래쪽에 있던 판잣집을 덮쳐 그 피해는 더욱 컸다. 무지막지한 행정이 서민들의 소박한 삶을 덮치듯이 '거대한' 〈와우아파트〉는 '약한' 판잣집을 그렇게 짓눌러 버렸다. 지질 검사조차 제대로 하지 않은 몰아붙이기식 개발, 일부 공구에서는 평당 1만 원도 안 되는 낮은 공사비의 책정, 위험 신고 묵살 등이 빚은 인재人災였다. 부실 공사이기에 앞서 무책임하고 성급한 추진이

빚어 낸 참사다.

> 밤하늘에 다리가 걸려 있고 그 아래로 도시의 집들이 있다. 그것이 무너져 내린 일은 어떤 오싹함을 느끼게 하는 것이었다. 아마 모든 사람의 느낌이나 마찬가지였다. 우리는 보통 사람이 죽는다거나 집이 무너진다고는 생각하지 않고 산다. 사람은 언제까지나 살고 아는 사람들은 늘 주변에 있겠거니 하고, 눈 익은 집은 늘 그 자리에 있는 것으로 안다. 캔버스 밖에 있는 사람의 다리가 그림보다 더 환상적이고, 캔버스 밖에 있는 집이 그림보다 더 쉽사리 뭉개지는 것을 보고 불쌍하고 무능한 환쟁이는 질려버린 것이었다. 사람과 집을 그렸다 지웠다 하는 어느 보이지 않는 손. 이름 없는 화가. 보이지 않는 붓. 준구는 상대가 안 되는 화가와 그만 맞닥뜨리고 만 것이다.
>
> – 최인훈, 〈하늘의 다리〉, 《하늘의 다리/두만강》, 문학과지성사, 1978, 127쪽에서

누가 상상이나 했겠는가. 살고 있는 집이 하루아침에 무너져 내릴 수 있다고. 더군다나 내 방 하나 가지기 힘들었던 그 시절, 내 집이 생겼다는 기쁨이, 그 희망의 삶을 막 시작하기도 전에 일어난 일이었다. 정말 '하늘에 구멍이 뚫린 듯' 희망이 박살난 충격이 모두를 덮쳤을 것이다.

결국 영세민의 내 집 마련을 목표로 진행된 시민아파트 건설은 〈와우아파트〉 붕괴와 함께 전면 수정에 이르게 되고, 박정희 대통령은 앞으로 시민아파트를 건설하지 말도록 지시했다.

시민아파트 건설의 목적에는 무허가 불량 주거지 개선도 있었다.

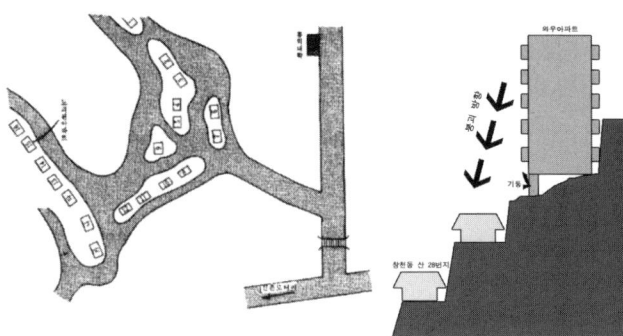

〈와우아파트〉가 무너진 참담한 현장(왼쪽)과 위치도(가운데), 붕괴 사건 단면도(오른쪽).

판자촌을 철거하고 그 자리에 아파트를 건설하거나 혹은 대단지로 이주하는 경우 그 땅에 들어서는 집에 살 수 있는 권리, 즉 입주권을 무허가 판자촌 거주자에게 배부했다. 그러나 판자촌 주민들은 하루하루 살아갈 돈을 벌기도 힘든 상황이어서, 입주권 매매가 금지되어 있었지만 그것을 팔 수 밖에 없었다.

"나를 알겠어?"
"알잖구. 나에게 입주권을 팔았잖아."
"그래, 당신이 십육만 원에 사갔지."
"나를 원망할 것 없어. 나는 시에서 주는 이주 보조금보다 만 원이나 더 준거야."
……(중략)……
"우리 집이 없어졌어."
앉은뱅이의 목소리는 여전히 작았다.

"당신은 나에게 이십만 원을 더 줘야 돼."

"뭐라구?"

"아무것도 모른다고 그럴 수가 있어? 삼십팔만 원짜리를 십육만 원에 사다 이십이만 원씩이나 더 받고 넘긴다는 건 말이 안 돼. 나에게 이십만 원을 줘도 이만 원의 이익을 보는 것 아냐? 더구나 당신은 우리 동네 입주권을 몰아 사버렸지?"

- 조세희, 〈뫼비우스의 띠〉, 《난장이가 쏘아올린 작은 공》, 문학과지성사, 1978, 19쪽에서

판자촌이 철거되고 아파트 재개발이 진행되자 앉은뱅이와 꼽추는 부동산 업자에게 입주권을 팔아버린다. 집을 잃고 입주권도 제값을 받지 못하게 되자 결국 부동산 업자를 납치해 불태워 죽이는 결말은 평범했던 소시민이 하루아침에 범죄자가 될 수밖에 없는 일그러진 현실을 보여 준다.

"난생 처음 이십 평짜리 땅덩어리가 내 소유로 떨어진 겁니다. 내 차지가 된 그 이십 평이 너무도 대견해서 아침저녁으로 한 뼘 한 뼘 애무하다시피 재고 밟고 하느라고 나는 사실은 나 이상으로 불행한 어느 철거민의 소유였어야 할 그것이 협잡으로 나한테 굴러 떨어진 줄을 전혀 잊고 지낼 정도였습니다. 당시의 나한테는 이 세상 전체가 끽해야 이십 평에서 그렇게 많이 벗어나게 커 보이지 않았습니다."

- 윤흥길, 《아홉 켤레의 구두로 남은 사내》, 문학과지성사, 1977, 178쪽에서

1971년 8월 10일의 '광주대단지사건' 모습. 지금의 성남시인 경기도 광주에서 이주민 수만 명이 생계 대책 등을 요구하며 도시를 점거했다.

한편에서는 소시민이 무리해서라도 아파트 혹은 이주 단지의 입주권을 사기 위해 애쓰다가 결국 처절한 현실에 무너지는 모습을 보기도 한다. '광주대단지사건'[5]을 배경으로 한 윤흥길의 소설《아홉 켤레의 구두로 남은 사내》에서 입주권을 손에 쥐고 내 집 갖기의 꿈에 부풀었던 주인공은 선거철의 허위 공약과 이후의 졸속 진행에 불만을 품고 폭동에 앞장섰다가 전과자로 낙인찍힌다.

결국 시민의 집을 마련해 주겠다던 시민아파트도, 이주민을 위한 단지 건설도 시민들의 꿈인 내 집 마련을 이루어 주지는 못했다. 아름다운 청사진은 현실과 달랐고, 시민의 주거 공간으로서 아파트는 자리 잡지 못하는 듯 보였다.

중산층의 주거 공간으로 자리 잡다

언젠가부터 아파트에서 산다는 것이 부의 소유를 뜻하게 되었다. 1970년대 아파트가 중산층의 주거 공간이 되고 사람들이 아파트를 바라보는 시각이 달라졌다. 서울 강북에서 강남으로 주거의 중심은 재편되었고, 중산층이 대두되면서 주거 공간은 자연스레 계층을 구분하는 기준이 되었다. 그러다 보니 소설은 화려해지는 아파트의 공간과 그로 인한 이질감, 변해 가는 사회의 모습을 이야기한다.

〈와우아파트〉가 붕괴되던 해 고층 아파트 단지의 시초라 할 수 있는 〈여의도 시범아파트〉가 건설되었다.[6] 1584가구가 입주한 이 아파트는 엘리베이터까지 설치된 고층·고밀의 아파트 단지였다. 〈여의도 시범아파트〉가 성공적으로 안착하자 아파트 건설은 박차를 가하기 시작한다. 1974년 완공된 〈반포아파트〉 단지는 분양이 되자 엄청난 인파가 장사를 이루면서 강남 개발의 신호탄을 울린다.

> 아무리 가도 아파트 단지 속이었다. 강원도에 가보았을 때 가도 가도 산이고 또 산이고 또 산이던 것과 느낌이 비슷했다. 그러나 산의 곡선과 달리 끝없는 직선과 직각의 세계였다.
> – 김채원, 〈푸른 미로〉, 《지붕 밑의 바이올린》, 현대문학, 2004, 290쪽에서

강남의 빈 땅에 대규모의 아파트 단지가 들어서면서 허허벌판이던 그곳은 아파트 산으로 둘러싸이게 된다. 아파트의 풍경은 그야말로 끝이 보이지 않았다.

1975년부터 1980년대 중반까지 잠실에는 초대형 아파트 단지가 조성되고 이후 아파트 단지 건설이 성공적으로 이루어지면서 아파트는 중산층과 상류층의 거주지로 각광받기 시작했다.[7] 게다가 시민을 대상으로 하던 아파트가 중산층을 대상으로 하면서 새로 만들어지는 단지의 모습은 더욱 화려해졌다.

> 여름날 아침의 아파트 광장은 어지럼증이 나도록 환하다. 그리고 익숙한 풍경이 방금 세수라도 하고 난 것처럼 선명하다. 그녀는 잘 다듬어진 잔디와 군데군데 붉은 맷방석을 던져 놓은 듯이 무리져 피어 있는 페츄니아의 떨기와 건너 쪽 상가의 쇼윈도에 진

열된 알록달록한 상품과 부동산 소개소와 커튼 센터와 또 부동산 소개소와 전화상과 부동산 센터와 이런 것들이 잘 닦은 유리창을 통해 내부를 깡그리 노출한 채 한결같이 놀랍도록 정결한 것을 망연히 굽어본다.

— 박완서, 〈주말농장〉, 《부끄러움을 가르칩니다 – 박완서 단편소설 전집 1》, 문학동네, 2006, 112쪽에서

아파트 거주를 중산층 이상의 부를 소유한다고 인식하기 시작하면서 아파트가 사람들의 경제적 위치를 구분 짓는 잣대가 된다.

대부분 우리 아파트에 살고 있는 사람들은 오랜 전세방을 뛰쳐나온 서민층이나 갓 결혼해서 주책없게도 대낮에 창문 열어 놓고 키스를 입이 부서져라 해대는 신혼부부들로, 그래도 자기들은 책깨나 읽고 음악깨나 듣는 인테리로 자처하고 있는 사람들이었다. 잘 아시겠지만 요즈음의 아파트는 꽤 인기 있는 살림처로 뭐랄까 저녁녘이면 슬리퍼를 끌고, 자기 애를 유모차에 태우고, 오르락내리락 아파트 앞 공터를 오가는 어설픈 외국 영화 흉내를 내고 싶어 하는 젊은이들에게 환영받기엔 아주 안성맞춤으로 만들어져 있었던 것이다.

— 최인호, 〈전람회의 그림 Ⅲ〉, 《잠자는 신화》, 예문관, 1974, 168~169쪽에서

서구식 생활을 영위할 수 있는 현대적 공간으로 인정을 받은 아파트는 그곳에 산다는 사실만으로도 특권을 가질 수 있도록 해 주는 도구였다. 서구식 모델에 대한 동경과 맞물리면서, 생활공간뿐

아니라 거주자를 대변하는 상징적 이미지로서의 역할도 아파트를 한국의 대표적인 주거 문화로 자리 잡게 하는 데 결정적 요인이 되었다.[8]

콘크리트 벽 사이로 단절된 삶

1960~1970년대를 시작으로 1980·90년대를 거치면서 아파트는 대표적인 주거 공간이 되었다. 그러나 문학 속의 아파트는 여전히 행복의 낙원은 아닌 듯하다. 소설가들은 아파트가 지니고 있는 화려한 이미지 이면의 개인주의적이고 이기적인 삶의 모습에 비판적인 태도를 견지하고 있다.

> 옆집 남자가 죽었다
> 벽 하나 사이에 두고 그는 죽어 있고
> 나는 살아 있다 그는 죽어서 1305호 관 속에 누워 있고
> 나는 살아서 1306호 관 속에 누워 있다
> ……(중략)……
> 오늘 나는 문상가지 않는다 그 남자의
> 자식을 봐도 모른 체한다 우리는
> 서로 호수가 다르다
> - 김혜순, 〈남과 북〉, 《어느 별의 지옥》, 문학동네, 1997.

1305호와 1306호로 이름 지어진 우리는 '남과 북'의 관계와 다를 바 없이 그려진다. 물질만능주의와 개인주의의 팽배는 가족과 이웃 사회의 해체를 가져오며 이는 고립된 삶과 익명성을 불러일으킨다. 그저

호수, 즉 숫자만이 남을 뿐이다. 하나의 벽을 사이로 삶과 죽음이 나뉘고 문상이라는 행위조차 거부되는 관계를 선 하나를 경계로 대립하고 있는 남과 북의 사이와 동일시한다.

> 윗층의 소리는 멈추지 않았다. 드륵거리는 소리에 머리 올이 진저리 치며 곤두서는 것 같았다. 철없고 상식 없는 요즘 젊은 엄마들이 아이들에게 집안에서 자전거나 스케이트보드 따위를 타게 한다는데 아무래도 그런 것 같다.
> ……(중략)……
> "안 그래도 바퀴를 갈아볼 작정이었어요. 소리가 좀 덜 나는 것으로요. 어쨌든 죄송해요. 도와주는 아줌마가 지금 안 계셔서 차 대접할 형편도 안 되네요."
> 여자의 텅 빈, 허전한 하반신을 덮은 화사한 빛깔의 담요와 휠체어에서 황급히 시선을 떼며 나는 할 말을 잃은 채 부끄러움으로 얼굴만 붉히며 슬리퍼 든 손을 등 뒤로 감추었다.
>
> – 오정희, 〈소음공해〉, 《술꾼의 아내》, 작가정신, 1993, 177~179쪽에서

옆집에 누가 사는지, 윗집에 누가 사는지 알 턱이 없는 주인공의 모습은 특별한 사건에 기인한 것이 아닌 모두가 살고 있는 일상적인 삶의 모습이다. 주인공은 윗집의 쿵쿵대는 소리에 대해 불만을 가지고 그에 대한 역설적인 표시로 역설적 표시로 발소리를 죽이는 푹신한 슬리퍼를 선물하려 한다. 그러한 생각을 한 자신이 너무나도 대견스러웠지만, 윗집의 소리가 휠체어 소리인 것을 안 순간 부끄러움을 느끼고 당황하고 만다. 이러한 경험은 주인공만의 특별한 경험이 아

닌 아파트에 사는 모두가 공감할 수 있는 일상적 모습인 것이다. 아파트에서의 삶은 생활이 되었지만 결코 따스한 공간으로 그려지지 않는다.

> 그런데 이게 웬일입니까? 벌써 두 사람 째나 살기가 싫어서 스스로 목숨을 끊었습니다. 얼마나 사는 것이 행복하지 않으면 스스로 목숨을 끊고 싶어질까 궁전 아파트 사람들은 상상할 수 없습니다. 궁전 아파트 사람이 알 수 있는 것은 앞으로 이런 일이 다시는 일어나선 안 된다는 겁니다. 이런 일이 자꾸 일어나 소문이 퍼져 보십시오. 사람들은 궁전 아파트 사람들의 행복이 가짜일 거라고 의심할지도 모릅니다. 그렇게 된다면 큰일입니다. 그런 생각만으로도 궁전 아파트 사람들은 단박 불행해지고 맙니다. 궁전 아파트 사람들이 이제껏 행복했던 것은 다른 사람들이 그렇게 알아 줬기 때문이니까요.
>
> — 박완서, 〈옥상의 민들레꽃〉, 《자전거 도둑》, 다림, 1999, 104쪽에서

할머니의 자살을 두고 아파트 값이 떨어질까 전전긍긍하는 아파트 주민들은 개인주의를 넘어 물질만능주의가 되어 가는 모습이다. 이웃의 죽음을 안타까워하는 마음 이전에 집값을 걱정하고, 아파트의 가치가 떨어질까 두려워한다. 행복의 모습을 대변하는 아파트의 가치가 떨어지는 것은 아파트 주민들이 불행해지는 것이다. 이제 아파트는 거주자와 동일시되어 버렸다.

문학 속에 보이는 초창기 아파트에 대한 작은 단편들을 통해 영세민과 철거민의 아픈 삶을 엿볼 수 있다면, 1990년대 이후 문학에서

의 아파트는 중산층이 사는 일상적 공간이지만 결코 행복하지는 않다. 아직 부정적 시각은 거둬지지 않은 듯하다. 그 속에서 오손도손 모여 사는 장면은 언제나 지워지지 않는 집합 주거의 이상일 뿐일까.

02 영화 속의 아파트: 배경이 담고 있는 의미

영화 속에서 다루어지는 공간은 가장 강력한 영화적 요소로서 극중 인물, 갈등, 상징 등의 다른 이야기 요소와 복잡하게 관계한다. 영화 자체가 이미지의 재현이라는 기본적인 속성을 가지고 있기에 시각적 장치는 매우 강력한 역할을 한다. 그러므로 영화 속 투영되는 공간은 보이는 모습 이상의 의미를 내포한다. 영화 속 공간은 시대적 상황을 반영하기도 하며, 가끔은 영화 속 이야기와 캐릭터의 성격을 극대화하는 장치가 되기도 한다.

아파트 역시 영화 속에서는 생활의 장소라는 고유한 속성을 넘어 그 의미가 더욱 도드라지면서 극적인 효과를 내는 배경이 된다. 아파트의 모습이 변하고, 높이와 규모가 변화되었듯 그리고 그곳에서 삶을 영위하는 사람들의 생활상이 변하였듯이 영화 속에서 표현되어진 아파트의 모습과 그 의미도 같이 달라졌다. 영화는 시각적인 속성을 기반으로 하는 만큼 배경이 되는 아파트들을 직접 표출함으로써 당시의 모습을 더욱 사실적으로 들여다볼 수 있다는 점이 문학과는 또 다르다.

한국 영화 초기의 아파트를 시작으로 최근까지 영화 속 아파트를 통해 그 배경이 담아낸 의미가 무엇인지 살펴본다.

아프레 걸은 아파트에 산다

1960년대는 그야말로 혼란의 시기였다. 전쟁으로 인한 후유증과 더불어 갑작스럽게 밀려들어오는 새로운 문화로 인하여 옛 것과 새 것은 뒤엉켜 다양한 모습을 보여 주고 있었다. 서구의 근대적 가치를 수용하면서 전근대와 근대는 갈등을 하고 그것은 도시 속 주거의 형태로 고스란히 드러났다.

1961년 작품 〈오발탄〉(유현목 감독)에서 전직 간호사이자 술집의 여급인 대학생 설희가 사는 곳은 아파트로 설정되어 있다. 퇴역 군인인 영호는 전쟁 중 병원에서 알게 된 설희를 만나고 단꿈 같은 생활에 빠진다. 노모를 포함하여 부인, 아이들과 함께 허물어져 가는 해방촌 판잣집에서 살아가는 영호에게 설희와의 밀회와 그 배경이 되는 공간은 현실의 버거움에서 벗어나는 도피처이자 동경의 대상이다.

커피를 마시고 '플리즈', '노땡큐', '컴인' 등의 영어를 일상적으로 사용하고 영자 신문을 덮고 자는 등 서구적 문화가 익숙한 듯한 설희의 모습은 서구적 삶에 대한 동경이자 그녀가 사는 공간인 사층의 불빛은 영호에게는 다가갈 수 없는 별과 같은 것이다.

사층 꼭대기의 조그마한 설희의 방에서 새어나오는 희미한 불빛. 어떻게 보면 꼭 커다란 별 같다.

……(중략)……

영호 : 꼭 별빛 같애.

설희 : 뭐가?

영호 : 설희네 방 불빛이.

― 〈오발탄〉, 《한국시나리오선집 제3권 1961~1965》, 영화진흥공사, 1990, 55~66쪽에서

설희의 아파트는 영호가 살고 있는 판자촌의 이미지와 대비되면서 현실의 무거움을 더욱 극대화한다. 아파트 외부의 계단과 복도, 방을 넘나들며 초창기 아파트의 모습을 보여 준다.

〈오발탄〉이 판자촌과 아파트를 통해 힘겨운 삶의 장소와 도피처의 모습을 보여 주었다면, 1963년 영화 〈로맨스그레이〉(신상옥 감독)에서는 다양한 계층과 주거의 유형들이 배경으로 등장한다. 극 중 보영의 거처로 등장하는 것은 가운데 마당을 둘러싸고 있는 중정형의 아파트다.[9] 3층 규모의 아파트는 5층 높이의 〈종암아파트〉 이전의 과도기의 형태를 띠고 있다. 이러한 주거의 모습은 극 중 등장인물 각자의 캐릭터와 엮이면서 당시의 주거에 대한 인식을 보는 계기가 된다.

유현목, 〈오발탄〉, 1961.

보영은 등록금을 마련하지 못해서 대학을 중퇴하고 돈 많은 김상춘의 젊은 애인이 되는 '아프레 걸'이다. 아프레apres 걸이라는 용어는 전후戰後 여성을 말하는 것으로 당시에는 기혼 여성이든 미혼 여성이든 전후의 새로운 성향의 여성을 가리켜 아프레 걸이라 불렀다.[10] 만자는 교수인 조영하의 애인이다. 조영하와 김상춘, 보영과 만자의 공간은 당시의 다양한 주거 유형을 보여 준다. 보영이 사는 곳은 아파트로 설정되어 있다. 지식인을 대표하는 교수인 조영하는 일제강점기 일본인들이 거주하던 주택을 개조한 일식 개량 주택에서 살고, 돈이 많은 출세한 사장 김상춘은 개량 주택에서 산다.

> 맨숀 보영방
> (조영하와 만자 술상을 마주하고 앉았다. 이사 온 첫날을 기념하는 축배를 든다.)
> 조영하 : 자 들지
> 만자 : 네! (탁! 술잔을 부딪치고는 술을 마신다.)
> 조영하 : 캬! 만자 애썼다.
> 만자 : 괜찮죠 이 맨션?
> 조영하 : 밀회의 아지트로서는 최고다.
> — 신상옥, 〈로맨스그레이〉, 1963.

온전한 가정에 균열을 일으키는 존재인 보영과 만자의 공간은 아파트이며, 주로 밀회의 장소로 이용된다. 이에 반해 중산층, 안락한 가정, 대가족의 모습은 개량 주택 혹은 한옥을 통해서 보여진다.

새로운 물결과 근대화의 불안감은 보영이라는 캐릭터가 살고 있는 아파트를 통해 극대화되고 있는 것이다. 새로운 서구 문물인 아파트는 당시의 불안한 여성성과 결합이 되었다.

비슷한 시기의 영화 〈명동에 밤이 오면〉(이형표 감독)에서도 유사한 형태의 아파트를 볼 수 있다. 근대화·산업화의 갑작스러운 변화 속에서 돈 중심의 가치관이 우선시되고 여성은 단순히 가정 주부 내지는 남성의 보조적 역할이라는 개념에서 벗어나 경제인·사회인으로서의 역할이 부여된다.[11] 영화 속 유 마담 역시 이러한 흐름 속에서 시골에서 올라와 명동의 바에서 일하는 여성이다. 여주인공이 일하는 바와 그녀가 거주하는 아파트, 도시적 배경인 명동 등은 근대화의 물결 속에서 조화를 이루지 못하고 기우뚱거리는 서울의 모습을 고스란히 드러낸다.

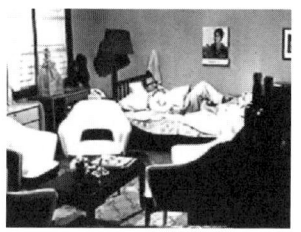

신상옥, 〈로맨스그레이〉, 1963.

1960년대 초에 만들어진 이 세 편의 영화에서 여성이 사는 공간은 모두 아파트로 설정이 되어 있다. 그녀들은 한복을 곱게 차려 입은 전통적인 여성상이 아니다. 자의에 의해서건 타의에 의해서건 성을 이용하여 돈을 벌고 서구의 문화를 거리낌 없이 받아들이는 그녀들의 모습은 근대의 흐름 속의 불안한 여성상을 그리고 있다. 아파트에 살면서 입식 생활을 하고 침대, 테이블, 스탠드, 화장대와 같은 물건들이 과다하게 배치되어 있는 공간 속에서 아파트라는 공간이 서구식 문화를 상징하고 있음을 엿볼 수 있다. 결국 아파트는 근대적 삶의 공간이기는 하지만, 안정적인 삶의 거처로 그려지지는 않는다. 판자촌에서

이형표, 〈명동에 밤이 오면〉, 1964.

힘겹게 살아가고 있는 누군가에게는 동경이기도 하지만, 아직 중상류층에게는 생활의 공간으로 다가오지는 않았다.

근대와 전근대가 충돌하고 갈등하는 시기, 불안한 사회는 변해 가는 여성의 모습으로 대변되고, 그들의 거주 공간은 아파트로 설정되어 그 효과가 더욱 극대화된다. 전후의 아프레 걸이며, 이전의 유교적 이데올로기에는 반하는 여성들은 낯선 형태인 아파트와 맞물려 혼란스러운 사회의 모습을 보여 주고 있다.

소외·익명·폐쇄의 공간에 숨어든 현대인

1970년대에 들어서면서 아파트는 신지식인 혹은 중산층이 사는 공간으로 인식이 바뀌게 되고 계층에 따른 주거 공간은 더욱 확연히 구별된다. 영화 속에서의 아파트는 그러한 변화를 여실히 보여 준다. 1970년대 영화에서 보이는 아파트의 모습은 1960년대 아파트의 모습과 확연히 달라졌다. 1974년 작 〈별들의 고향〉(이장호 감독)[12] 속 남자 주인공 문호의 공간과 여자 주인공 경아의 공간은 두 사람이 처한 상황에 따라 다른 특성을 보여 준다.

〈별들의 고향〉 속 대사는 누구라도 한 번 들어 봤을 정도로 유명한 영화다. 당시 유행했던 '호스티스 영화'의 대표작으로 경아라는 맑고 청순한 처녀가 사회생활에 뛰어들어 여러 남자를 거치는 동안 사회의 비정과 남자들의 배신에 허덕이다가 결국 알코올 중독자가 되어 죽음에 이른다는 내용이다. 경아를 사랑하다가 그녀를 의심하고 결국엔 버리는 문호는 화가라고는 하지만 경제적 걱정이 없는 '고급 룸펜'이다. 그가 혼자 살고 있는 곳은 아파트다. 5층 규모의 아파트 여러 동이 일렬로 향해 있고 놀이터까지 갖추고 있는 단지의 형태를 취하고 있어 당시로서는 새로 지은 지 얼마 안 된 아파트였을 것이다. 아마도 30여 년이 흐른 지금은 재건축으로 없어졌을 법하다.

> 아파트
> 육층 창가에서 거울을 들고 진지한 표정으로 장난하는 문호
> 문호 : 그즈음 나는 정말 하는 일이라곤 없었다. 아무도 나를 찾아오지 않았고 나는 아무도 찾아가지 않았다.
> 그저 고향에서 부쳐오는 돈으로 그야말로 무위도식을 하고 있었다.
> — 〈별들의 고향〉, 《한국시나리오선집 제5권 1971~1975》, 영화진흥공사, 1991, 189쪽에서

무위도식하는 문호의 아파트와 비교하여 현실에 이리저리 치이며 술집을 전전하는 경아가 종래에 머무르는 곳은 허름한 주택가의 단칸방이다. 소외 계층인 술집 여성, 경아의 보금자리는 철제 캐비닛이 덩그러니 놓여 있는 단칸방인 것이다. 문호와의 동거를 통해 아파트는 경아에게 구원의 공간이 될 듯하지만, 결국 그곳은 경아에게 안식처가 되지 못하고 그녀는 다시 자신의 단칸방으로 돌아가게 된다.

1970년대를 지나 1980~90년대를 지나면서 아파트는 점점 대중의 삶 깊숙이 들어가 일상적 공간으로 자리를 잡게 된다. 그러나 그 이면에는 현대인의 고독과 소외, 익명성을 심화시키는 공간으로서의

이미지가 자리하고 있다. 1983년 작 〈적도의 꽃〉(배창호 감독)[13]은 대표적인 도시 주거인 아파트가 야기하는 고독과 소외를 보여 주며 폐쇄된 공간으로써의 아파트를 주인공의 캐릭터와 맞물려 극대화하고 있다.

> (이글거리는 아파트)
>
> (어느 창문으로 줌인)
>
> (가만히 앉아있는 뒷모습 사내 M)
>
> (텅빈 거실, 한쪽 의자에 앉아 있는 뒷모습)
>
> ……(중략)……
>
> (도시문명의 상징-사막의 신기루 표현, 이글거리는 아파트)
>
> (우글거리는 마라토너들)
>
> (그러한 풍경을 찍는 M)
>
> ……(중략)……
>
> - 최인호, 〈적도의 꽃〉 시나리오, 동아수출공사, 1983.

이장호, 〈별들의 고향〉, 1974.

아파트촌에서 M은 아버지가 꼬박꼬박 보내주는 생활비로 혼자 아파트에서 빈둥거리며 카메라, 망원경, 녹음기 등을 만지작거리는 것이 유일한 취미인 지극히 나태하고 폐쇄적인 사나이이다. 이러한 M의 모습은 도시형 주택으로서의 아파트가 야기하는 고독과 소외 그리고 익명과 폐쇄의 공간으로 아파트를 상징하고 있다.

서울이라는 도시에서 아파트라는 건

축물은 20세기를 상징하는 주거 방식이다. 모든 이들을 하나의 건물 혹은 단지 안에 집약시켜 가장 근접한 거리에서 생활하게 해 줌에도 현대인들이 단절된 삶을 살아가고 있고, 아파트가 그 상징적 역할을 한다는 것은 아이러니한 일이 아닐 수 없다. 하나의 공간 속에 집약되어 있지만 그 안에 담겨 있는 하나하나의 삶은 더욱 폐쇄적이 되어 갔다. 아파트로 대변되는 근대 도시에서의 집합적 삶이라는 것은 기존의 공동체와는 다른 양상을 보이며 소외와 익명을 강화하여 왔다.[14] 중산층으로의 진입을 이룰 수 있는 신분 상승의 결과물이자 선망의 대상으로 자리 잡은 아파트의 이면에 자리 잡은 고독한 현대인의 삶은 영화 속에서 극명히 드러나게 된다.

1995년 작 영화〈301, 302〉(박철수 감독)의 배경이 되는 아파트의 이름은 '새희망 바이오 아파트', 그중에서도 301호와 302호가 이 영화의 주된 배경이다. 마구 먹어대는 301호 여자와 철저히 굶는 302호 여자.

301호와 302호로 대변되는 두 여인의 삶은 마치 현대인의 단절된 삶을 압축해 놓은 듯하다. 초고층 아파트가 들어서기 이전에 아파트의 유형은 복도식 아파트와 계단실형 아파트로 나눌 수 있다. 계단실을 공유하는 계단실형의 아파트에서는 한 층에 두 호씩 존재한다. '새희망 바이오 아파트'는 엘리베이터에서 내리면 두 집이 마주하고 있고, 한 층에 두 집뿐인 상황에서 외부와는 단절된, 외로운 삶을 사는 두 여자는 묘한 소통을 시작한다. 철저하게 막혀진 소통 속, 외로운 삶 속에서 유일한 관계는 301호 여자가 302호 여자의 인육을 먹음으로써 끝이 난다.

두 여자의 비정상적인 삶과 관계를 희망차고 건강한 삶을 내세운 아파트를 배경으로 역설적으로 그려 낸다. 마치 그 어디에도 아파트가 이야기하는 '희망과 건강'의 삶은 존재하지 않았다는 듯이 말이다.

> 송희의 손에 〈한국주택신문〉이 들려 있다.
> 신문타이틀
> "건강 바이오 아파트 주택 사업의 새희망 신비한 조명과 삶의 안락함을 지향! 입주자들에게 인기!"
> 인부들 부산하게 움직인다. 경쾌한 음악
>
> – 이서군, 박철수, 《301, 302》(한국시나리오걸작선 74), 커뮤니케이션북스, 2005.에서

무섭고 기묘한 이야기

어릴 적 무서운 이야기를 할 때면 늘 아파트 이야기는 빠지지 않았다. "12층 창문을 누가 들여다보고 있다.", "엘리베이터 문이 열리면 깜깜한 홀에 누군가 서 있다.", "아파트 지하실에서 무슨 소리가 난다.", "옥상에서 떨어지는 사람과 눈이 마주쳤다." 하는 이야기들. 어린 마음에 이런 이야기를 듣고 난 후에는 창문 한 번 쳐다보기도 무서웠고, 깜깜한 밤 엘리베이터라도 탈 때면 왠지 누군가 튀어나올 것만 같아 재빠르게 초인종을 누르곤 했었다. 그리고 그 공간을 이제 영화 속에서 보게 되었다. 서로 다른 개성을 갖고 있는 익명의 사람들이 모여 있는 집단의 주거지는 어느새 영화 속으로 들어가면서 기묘하면서도 공포를 불러일으키는 공간이 되었다.

2000년에 개봉한 〈플란다스의 개〉(봉준호 감독)는 강아지가 연쇄적으로 사라지는 실종 사건을 중심으로 하여 다양한 계층의 사람들이 모여 살고 있는 일상적 공간인 아파트를 구석구석 파헤치면서 우리에게 익숙한 공간들이 어떻게 비일상적인 사건의 배경이 되는지를 보여

준다. 관리 사무소의 경리 아가씨인 현남, 교수를 꿈꾸는 시간 강사 윤주와 그의 아내, 지하실에서 개를 잡아먹는 경비 아저씨, 동네 문방구에서 일하며 옥상에서 담배를 태우는 것이 취미인 현남의 친구, 개와 단둘이 살아가던 옥상에 무를 말리는 할머니, 어느 샌가 지하실에서 숙식을 하고 있는 부랑자……. 전혀 어울리지 않을 것 같은 군상들이 아파트 단지에 모여서 만들어 내는 이야기다.

영화의 배경이 되는 아파트는 복도식의 고층 아파트다. 1980년대의 건설 붐과 함께 지어진, 어디서나 볼 수 있을 듯한 평범한 아파트지만, 한 꺼풀만 벗겨 내면 개 한 마리에 저마나 집착을 하는 이상한 장소가 된다. 사실 이 복도식 아파트라는 것이 대부분이 소형 면적으로 이루어져 있어 대체로 서민들이 많이 살고 있는 유형이다. 그래서인지 영화의 등장인물들도 사회의 주류에서는 한 발짝 물러서 있는 사람들이다. 윤주는 교수가 되려 애쓰지만 지금은 아내의 벌이로 먹고 살며 아내의 눈치를 보고, 할머니는 가족 하나 없이 개 하나에 의지하여 살고 있는 독거노인이다. 가뜩이나 삶이 고단한 윤주는 개 소리가 너무나도 짜증이 나서 죽여 버리고, 할머니는 사랑하는 강아지의 죽음에 결국 충격으로 죽음에 이른다. 개를 못 기르게 되어 있는 아파트에서 개를 기르는 할머니나, 그런 개를 참을 수 없어 죽여 버리는 윤주나 남의 삶에는 별 관심이 없이 내 것이 먼저인, 너무나도 일상적인 삶의 모습이다.

〈플란다스의 개〉는 이러한 기묘한 이야기 속에서 아파트 단지의 구석구석을 카메라에 담는다. 층층마다 똑같이 생긴 고층 아파트 복도는 윤주와 현남이 추격전을 벌이는 주된 장소로 등장한다. 복도를 경계로 하여 두꺼운 철문을 들어서면 내 집이 존재하고 복도는 그저 엘리베이터에서 연결되는 통로의 역할을 할 뿐이다. 바로 문 앞의 공간이지만 사적인 공간과 확실히 단절되어 버리는 공간이다. 사적인 외부 공간이 많지 않은 아파트 사람들에게 옥상은 작은 휴식 공간도 된다. 할머니는 옥상에 무말랭이를 말리고 현남과 친구는 옥상에서 담배를 피며 수다를 떤다. 영화 속 가장 음침한 공간은 지하실. 지금이야 지하실 공간을 주민 커뮤니티 공간으로 활용[15]하기도 하지만, 지하실은 늘 창고이거나, 경비 아저씨의 휴식공간으로 이용되기 마련이었다. 늘 무서운 이야기의 대상이 되거나 사람이 잘 드나들지 않기에 경비실 옆으로 난 지하실로 가는 계단은 왠지 발을 떼기 어려운 공간이었다. 경비 아저씨가 개장국을 끓이거나, 부랑자가 들어와 잠을 자는, 혹은 보일러 김 씨의 시체가 묻혀 있을지도 모르는 지하실을 통해 바로 내 집 아래에서 무슨 일이 벌어지고 있을 지도 모른다는 일상 공간 속의 불안감을 증폭시켜 주고 있다.

  2006년 작인 〈아파트〉(안병기 감독)에서는 그 자체가 공포의 대상이 되었다. 부모님도 안 계신 고아에 하반신도 불편한 유연이 혼자 살면서 주민들에게 모진 고통을 받고 있을 때에도 그 누구도 알지 못했다. 바로 옆집에 누가 살고 있는지 무슨 일이 일어나는지도 알지 못하는 아파트 삶에서의 무관심은 결국 그녀를 죽음으로 이르게 하고 그녀의 원혼이 복수를 하는 것이 이 영화의 주된 내용이다.

  아파트를 소재로 하였기

봉준호, 〈플란다스의 개〉, 2000.

에 일상의 공간들은 곧 두려움의 공간이 된다. 늦은 밤의 엘리베이터, 어두운 계단실과 복도는 너무나 익숙하기에 곧장 피부로 와 닿는 긴장감을 안겨 준다. 하지만 이 영화에서 가장 무서운 곳은 공간적 장치들이 주는 무서움이 아니라, 서로가 서로에게 무관심한 삶의 모습일 것이다. "우리가 살고 있는 가장 일상적인 주거지인 아파트를 배경으로 그 안에서 일어나고 무관심에서 발생되는 공포를 가장 중요한 핵심으로 놓고 현실적인 이야기를 가지고 공포 영화를 만들자고 했다"[16]는 감독의 말처럼 우리가 지금 살고 있는 이곳에서 일어나는 단절과 소외가 만들어 낸 비극을 공포로 그려 내었다. 현대 도시 주거에서 가장 일상적 공간인 아파트에서 벌어지는 기묘한 이야기는 '지금 우리 모두가 살고 있는 이곳'에서 벌어지기에 더욱 불안감을 주는 것이다.

　위의 영화들이 일상적 공간 속의 불안감을 다루기 위해 현재의 아파트들을 배경으로 하였다면, 2001년 개봉한 영화 〈소름〉(윤종찬 감독)의 아파트는 조금 다르다 볼 수 있다. 재개발을 앞두고 있는 '미금아파트' 504호에 입주한 용현을 중심으로 하여, 주변 인물들과 504호에서 벌어진 30년 전의 이야기를 통해 공포를 자아내는 '소름'은 영화 속 폐허와 같은 아파트 자체가 공포로 다가온다. 영화 속 미장센을 완성시키는 데 결정적인 역할을 한 당시 촬영지는 실제로 재개발을 앞두고 있던 〈금화 시민아파트〉로 알려져 있다. 1960~70년대 서울의 도

안병기, 〈아파트〉, 2006.

윤종찬, 〈소름〉, 2001.

심에 자리 잡고 있던 시민아파트의 하나로 서대문구 천연동에 위치하고 있었다. 무허가 불량 주택지를 개선하고 서민들에게 주거를 제공할 목적으로 시작된 시민아파트 중 가장 큰 규모로 지어진 것이 이 〈금화 시민아파트〉로 123동이 건설되었다. 당시의 시민아파트들은 대부분 도심지의 구릉지, 경사지에 많이 지어졌다. 불량 주거지가 위치하던 곳에 짓거나 사업 타당성을 따지다보니 그러했으리라 짐작된다. 〈금화 시민아파트〉 역시 마찬가지였다. 1969년 지어진 이 아파트는 〈와우아파트〉의 붕괴와 함께 시민아파트의 부실함이 알려지면서 1971년부터 한 동씩 철거되기 시작, 2002년에 최종적으로 철거되었다. 이 영화를 촬영할 당시만 해도 아파트 재개발이 결정돼 주민들의 80퍼센트가 빠져 나간 상태였다고 한다.

〈소름〉 속의 '미금아파트'처럼 30여 년을 그 자리에 있어온 〈금화 시민아파트〉가 영화 속의 긴장감을 더해 주는 공포의 공간으로 다가오는 것은 그것이 낡았기 때문이 아니라 사람이 살지 않기 때문일 것이다. 주거가 목적인 아파트에 사람이 살지 않는 순간 그곳은 활기를 잃은 채 폐허가 된다. 30여 년 동안 많은 이들의 삶의 터전이 되고 이야기의 배경이 되었던 아파트는 사람들이 떠나고 홀로 버려지면서 그 자체가 하나의 이야기가 되었다. 아파트의 1세대라 할 수 있는 시민아파트는 현재 거의 다 철거되어 더욱 화려한 아파트가 들어서가나 공원이 되었다. 영화 속 아파트는 그 마지막 흔적이라 볼 수도 있을 것이다. 영화 속 그곳은 1세대 아파트의 마지막을 보는 것 같아 더욱 스산하게 다가온다.

03 광고 속의 아파트:
아파트에 산다는 것의 가치

여자와 남자가 손을 잡고 걸어간다. 여자는 남자에게 집에 데려 가는 사람은 처음이라 이야기한다. 아파트 단지가 보이자 여자는 저기가 자신의 집이라며 손으로 브랜드 명이 적힌 옥외 간판을 가리킨다. 남자의 표정이 한층 밝아진다.

한 아파트 광고의 내용이다. TV에서 이 광고를 몇 번 보면서 남자의 그 미묘한 표정에서 주거와 거주자의 가치를 동일시하는 사회의 인식이 너무나도 태연히 드러나는 거 같아 작은 충격을 받았다. 예전에 같은 브랜드에서 이야기했던 "당신의 이름이 됩니다."라는 광고 문구가 현실이 된 듯하다.

언제부터인지 아파트 광고에 아파트는 나오지 않는다. 광고 모델과 그들의 라이프 스타일, 브랜드명이 강조될 뿐, 아파트에 대한 구구절절한 설명은 없다. 광고는 삶 자체를 이미지로 보여 주며, 사람들은 그것을 통해 브랜드와 삶의 가치를 동일시한다. 그리고 그 브랜드에서 산다는 것은 거주자의 삶과 가치를 평가받는 단서가 된다.[17]

한국에서 아파트라는 주거가 가지고 있는 특이성과 광고의 속성을 보았을 때, 광고 속의 아파트는 우리에게 많은 시사점을 제공한다. 아파트라는 것은 거주자에게 가장 일반적인 주거 공간임과 동시에 단순히 주거의 차원을 넘어선 부의 축적을 지향하는 세속적 욕망의 대상이기도 하다. 또한 기업의 입장에서는 수요자가 자신의 기호 및 가치관에 맞게 선택을 할 수 있는 상품이기도 하다. 그리고 이러한 아파트라는 상품에 대한 시각이 단적으로 드러나는 것이 광고라 할 수 있다. 광고라는 것은 단지 상품의 정보를 전달하는 데 그치는 것이 아니라

'래미안', TV CF, 2007.

한 사회의 상황과 문화적 가치를 드러내며 사람들의 태도에 영향을 끼친다. 즉, 광고라는 것은 당대의 가장 뜨거운 상징들을 드러내는 재현의 양식인 것이다.[18]

아파트를 광고라는 문화적 도구로 보는 것은 문학, 영화, 그림을 통해 보는 것과는 또 다른 시각을 제공한다. 다른 문화들이 사회적 현상을 작가라는 한 개인의 체험과 인식에 바탕을 두고 있다면, 광고는 사회의 가치에 대한 판단보다는 그것을 상징적으로 드러내는 데 초점을 맞추기 때문이다. 과연 아파트라는 주거는 어떻게 상품으로써의 가치를 가지게 되었으며, 그동안 어떤 변화를 거쳐 왔던 것인지, 그리고 그것이 어떠한 방식으로 표출되었는지를 살펴보고자 한다.

상품화와 브랜드, 광고

아파트 광고를 이야기하기에 앞서 중요하게 다루어질 것이 아파트의 상품화와 브랜드화다. 아파트의 상품화에 관한 시점은 대략 1980년대 후반으로 보는 것이 일반적이다. 민간업체들이 주택 시장에서 주도권을 잡으면서 자사의 분양률을 높이려는 경쟁 체제로 들어간 것을 아파트를 본격적으로 상품으로 인식하게 된 계기로 보는 것이다. 1987년 민간 합동 개발 방식이 도입되면서 다수의 민간 건설업체들이 동일한 지역에서 경쟁 구도를 형성하는데, 이것이 본격적인 아파트의 상품화를 열어 갔다. 즉, 이 시기를 기점으로 하여 주택 시장에서 시장 경쟁 구도가 형성되고 건설업체 간의 상품 경쟁이 심화된다. 또한 민간 건설업체의 공급량 증대로 이후 민간 주도의 주택 시장으로 전환되면서 아파트의 상품화와 경쟁은 더욱 치열해진다.[19]

상품으로서 아파트를 이야기하는 데 중요한 시점 중 하나가 브랜드의 등장이다. 브랜드라고 하는 것은 "한 명의 판매자 또는 일단의 판매자들이 자신의 상품이나 서비스를 경쟁자들의 그것과 구별하기 위해 사용하는 용어, 상징, 디자인 또는 그것들의 총합"[20]이라고 정의된다. 즉, 기업이 다른 회사와 차별화할 수 있는 그 회사만의 정체성을 드러내기 위해 만들어진 것이 브랜드인 것이다.

브랜드에 있어서 아파트 이름은 상품명이다. 타사의 아파트와 확실히 구별을 지어주며 자사의 가치관을 함축적으로 표현하고 있는 것이 상품명, 즉 이름이다. 초기의 아파트만 해도 그 이름의 참으로 단순하였다. 〈종암아파트〉, 〈마포아파트〉, 〈수색아파트〉 같이 아파트 앞에 지명을 붙이는 것이 일반적이었다. 아직 아파트가 많이 들어서지 않았던 시기이니 만큼 지역이라 해도 아파트는 독립적으로 하나 둘 정도 존재하고 있었으니, 대부분 정부나 공공 기관, 규모가 작은 민간업체에 의해 지어진 것이다 보니 다른 아파트와 구별 지을 필요가 없었다. 그 자체로 그 지역을 대표하는 새로운 주거의 상징이었을 것이다.

아파트 건설이 증가하고 민간업체들이 건설 시장에 뛰어 들면서 상황은 좀 달라졌다. 1970년대 '현대'와 '럭키'처럼 기업명 자체가 아파트의 가치를 평가하는 한 요소로 작용하기 시작하였다. 동시에 '민숀' 혹은 '맨션'이라는 명칭이 아파트에 붙기도 하였다. 사실 평면형이나 주거의 유형으로써 큰 차이는 없었으나 중산층을 겨냥하면서 주거의 고급화를 강조하기 위하여 사용되었던 듯하다.

1980년대 후반은 위에서 언급한 것처럼 아파트의 상품화가 본격화하는 시기이다. 여전히 아파트를 구별 짓는 것은 기업의 이름이었다. 대규모 주택 공급과 함께 한 지역에 여러 건설사가 아파트를 건설하게 되고 청약 경쟁을 벌이게 됨으로써 지역별로 구분할 필요가 있었고, 그 안에서 자사가 건설한 아파트를 타사의 아파트와 구별할 필요가 있었다. 이로 인해 'LG수지아파트', '삼성보라매아파트' 등의 회사명에 지역명을 붙여 쓰는 형태로 나타났다.

　　1990년대 후반에 들어서 기업명 이상의 무언가가 필요하게 되고, 아파트의 브랜드화라는 패러다임이 등장한다. IMF 구제 금융이 본격적으로 시작된 1998년 이후 주택 경기가 침체되고 대량 미분양 사태가 속출되는 상황과 더불어 분양가 자율화라는 완전 경쟁 체제가 아파트 분양 시장에 도래하게 된다. 단순히 기업의 이름을 내건 아파트 이름만으로는 소비자의 눈길을 끄는 것에 한계가 있었고, 아파트의 브랜드와 시각적 정체성을 구축할 필요가 생긴 것이다.[21]

　　지금은 아파트 이름을 이야기할 때, 대부분 브랜드 명으로 부르

구분	1950~1970년대 초	1970년대 중반	~1990년대 중반	1990년대 후반~현재
아파트 브랜드	종암아파트(1958) 마포아파트(1962) 외인아파트(1969) 와우아파트(1969)	현대아파트(1975) 럭키아파트(1975) 쌍용아파트(1981) 대우아파트(1988) 삼성아파트(1989)	LG수지아파트(1989) 보라매삼성아파트(1990)	삼성사이버아파트(1999) 쉐르빌(1999) 타워팰리스(1999) 하이페리온(1999) 가든스위트(1999) 래미안(1999) 아크로빌(2000) 롯데캐슬(2000) 아이파크(2000) 트럼프월드(2000) 홈타운(2000) e-편한세상(2000)
명칭 구성	지역명	기업명	지역명+기업명	브랜드명

시대별 아파트의 브랜드 변화 (자료 : 대한주택공사 연구개발실, **2000**)

며 그것은 그 아파트의 가치를 대표하는 상징이 되었다. 한 때 대규모 건설사의 브랜드를 변형하거나 그대로 사용하여 아파트 이름을 짓거나 이미지를 만드는 사례가 기사에 오르내린 적이 있다. 혹은 민간업체에서 지은 오래된 아파트의 이름을 최신 브랜드로 바꾸고자 하는 주민들의 요구가 심심찮게 들리기도 한다. 1970년대 이후 아파트에 사느냐 그렇지 않느냐가 계층의 분화를 가져왔다면, 2000년대 이후 현재에는 브랜드 아파트에 사느냐 그렇지 않느냐가 사회적 계층을 나누는 중요한 기준이 되었다. 그리고 이러한 아파트의 브랜드와 가치는 광고라는 매체를 통해 사람들에게 은밀히 전파됨으로써 사회적 가치를 더욱 확고하고 있는 것이다.

정보의 전달에서 이미지의 전달로
미디어의 4대 매체는 TV, 라디오, 신문, 잡지다. 아파트 광고는 크게 신문, 잡지와 같은 인쇄 매체를 통한 광고와 TV와 같은 영상 매체를 통한 광고로 구분할 수 있다. 아파트가 처음 광고에 등장한 것은 언제일까. 1971년 〈연세맨숀아파트〉 광고가 지면을 통해 등장한 것이 처음이다.[22] 이 광고에서는 새롭게 단장된 아파트의 전경 투시도와 건설공급자의 글을 함께 내보냄으로써 소비자에게 필요한 정보를 직접 제공했다. 당시 투시도는 건물을 역동적으로 나타내기 위한 매우 최신의 표현 방법으로 쓰였다.

기술적 발전과 보급의 영향으로 TV에 처음 광고가 등장한 것은 인쇄 매체보다 조금 늦은 1976년이었다. 삼부토건이 건설한 〈여의도 삼부맨션〉이 그 시작인데, 컬러 TV가 보급되기 전의 광고다. 시공사의 정보와 공급하는 아파트의 평형, 그림으로 그린 조감도 등으로 구성되

〈연세맨숀아파트〉, 신문 광고, 1971.

〈여의도삼부맨션〉, TV CF, 1976.

었다.[23] 인쇄 매체의 내용을 움직이는 화면에 담아냈다는 것 말고는 내용에서 큰 차이를 찾기는 어렵다.

1980년대만 해도 인쇄 매체를 통한 아파트 광고가 주류를 이루고 있었고, TV 광고는 그리 활발하지 않았었다. 아파트의 입지적 특성 및 주변 환경, 분양 안내 등의 정보를 제공하고 입주자들을 설득하는 것을 주목적으로 하고 있었다.[24] 아파트의 분양 광고와 더불어 건설사의 PR 광고가 주를 이루었다. 민간업체들의 의한 건설 시장이 확대되면서 기업의 이름을 내건 아파트들이 늘어났다는 반증일 것이다.

1980년대 후반을 거쳐 1990년대로 들어오면서 민간업체들의 상품 경쟁은 더욱 심화된다. 아파트 개발이 서울 외의 경기도 지방으로 확산되면서 중소형의 건설사들도 아파트 광고를 제작해서 TV에서 방영하기 시작했다. 중소형 아파트들은 분양 광고에서 크게 벗어나지 못한 모습을 보여 준 반면 대형 건설사의 광고는 이전과는 다른 형식을 시도하게 된다.[25] 분양 정보를 전달하는 차원에서 벗어나 다양한 주제와 이야기를 통해 기업과 아파트 단지를 알리기 시작했다. 자연 속의 '그린 아파트', 재료나 실내 환기의 문제의 해결을 통한 '건강 아파트' 등의 새로운 개념에 대한 광고가 늘어나게 된 것이다. 이것은 아파트의 상품화가 본격화된 이후의 민간업체들의 계획 특성과도 연관이 된다. 평면 특성화와 외부 공간의 다양화[26] 등 아파트의 기능적 측면에서의 차별화를 추구하던 민간업체들은 새로운 개념을 차별화 전략으로 내놓기 시작한 것이다. 이에 따라 아파트의 광고 역시 정보를 직접적으로 전달하는 수준이 아닌 새로운 방식의 광고가 필요하게 됐을 것이다.

'두산아파트', 잡지 광고.

'대우아파트', TV CF, 1995.

아파트의 기능적 측면과 더불어 새로운 개념의 아파트를 보여 주던 광고는 1990년대 말과 2000년대를 거치면서 '브랜드'에 초점을 맞추고 상징적 이미지를 각인시키게 된다. 경쟁이 심화되고 변화하는 소비자 욕구를 만족시키기 위해 건설사들은 더욱 차별화된 전략이 필요했고, 아파트에 고유한 브랜드를 각인시키면서 상품경쟁은 가속화되었다. 2004년 LG경제연구원에 따르면, 아파트를 구매하는 기준이 브랜드가 25.6퍼센트로서 교통과 투자 가치를 제치고 아파트를 고르는 주요한 기준이 되었으며, 아파트 또한 다른 상품과 더불어 자신을 나타내는 표현의 수단이 된 것이다. 아파트 관련 광고에서도 다른 상품의 광고에서처럼 아파트의 브랜드가 건설사의 고유한 명칭보다 우선하는 경우를 쉽게 찾아볼 수 있다. 브랜드와 브랜드를 통해 표현되는 주거의 모습이 소비자의 기호를 이끌고 구매 욕구를 더욱 확대시키면서 그 상품성을 높이는 것이다. 이러한 상품화를 통하여 주거의 순수한 거주성 이외에 상품성이라고 하는 문화적 가치와 기호를 형성해 가고 있다. 즉 광고를 통하여 구축되어지는 가상의 아파트는 아파트가 갖고 있는 고유한 거주성과는 다른 별개의 이미지를 만들어내고 있다.

차별화 속에 현실은 왜곡된다

현대 사회는 사물의 실제 대신 이미지를 소비하며 살고 있다는 장 보드리야르Jean Baudrillard의 말처럼 어느새 우리는 아파트라는 주거 공간 속에서 살고 있는 것이 아니라 광고 속에서 보여지는 이미지에서 살고 있는 듯하다. 현재의 시대적 화두와 주거의 모습이 담겨 있는 광고와 그 안의 브랜드 이미지는 강력한 문화적 요소로 작용하고 있다. 실질적인 아파트에 대한 정보는 모델하우스와 카탈로그를 통해 전달하고, 그 이전에 브랜드에 대한 설득을 하는 것이 우선시되고 있다.

2000년대 이후의 아파트 광고에 보면 소위 스타라 불리는 유명 연예인, 그중에서도 여성이 자주 모델로 등장한다. 주 소비 주체를 여성으로 보고 그들의 감성을 자극하기 위함이다. 이는 집이라는 것이 전통적으로 여성의 공간이라는 가치관이 현대에도 그대로 반영된 것이다.

그 안에서의 여성의 모습은 시대에 따라 다양하게 표출된다는 것이 흥미롭다. 아파트에 대한 정보만을 전달하던 시기를 지나 이미지를 담아내면서 여성의 모습은 자주 등장하였다. 주로 행복한 주부의 모습을 보여 주며 집에서 많이 생활하는 주부들에게 초점을 맞추었다면, 최근의 광고에서는 가족의 모습이 많이 배제된 독립적인 형태로 여성이 등장한다. 한 아파트 광고를 보면, 아름다운 모델은 아침에 골프를

구분	여성	아이	가족	남성	기타	계
사용된 횟수	610	92	34	32	28	796
백분율(%)	76.63	11.56	4.27	4.02	3.52	100

1997년 이후 신문광고에 사용된 사람의 이미지[27]

치고, 오후에 그림을 그리고, 저녁엔 파티를 한다. 그녀와 동네 주민은 단지 내 시설에서 외국 요리를 배우고 다 같이 어려운 이웃을 돕는 활동도 한다. 현대의 '미시족' 여성을 대상으로 한 이 광고는 기혼 여성이지만 집에만 머무르는 것이 아니라 특정 아파트에서 생활하고 아파트 내 편의 시설을 사용하며 자신의 삶을 주체적으로 살아가는 모습을 보여 준다. 그러나 광고 속 여성의 모습이 변했다 해도 '집은 여성의 공간'이라는 전제는 변하지 않았다. 여전히 아파트의 주 구매층이 여성이라고 하는 점은 단순히 소비 주체로서의 여성의 비중이 높아졌다는 것 외에도 아파트와 여성의 관계, 특이성에서 비롯된 면도 크다 볼 수 있다.

아파트에서 '차별화'는 중요한 쟁점이다. 경쟁이 심화될수록 '다른' 무언가를 제공해야 한다는 압박감은 심해진다. 아파트 광고는 다른 아파트와 차별화된 건축 공간을 극대화시켜 보여 준다. 남들과 '다른' 공간 속에 산다는 것만으로도 그들의 자부심을 높여 줄 수 있는 것이다. IT 기술의 발전과 함께 중요한 개념이 된 유비쿼터스ubiquitous에 맞추어 첨단 아파트를 보여 주기도 한다. 한 광고에서 일하는 엄마는 아이와 떨어져 있지만 스크린을 통해 아이를 재우고, 다른 광고에서는 아내가 파티에 입고 갈 옷을 고르기 위해 남편과 영상 통화를 한다. 또한 스카이 브리지를 극대화해 '그들만의 하늘'을 부각시키며 특정 집단에 의해서

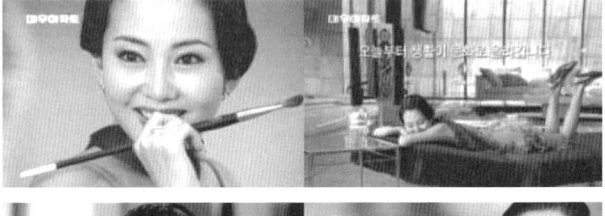

'대우아파트', TV CF, 2002.

'자이', TV CF, 2006.

사유화된 공간을 강조하기도 한다. 경쟁에 의한 차별화 전략은 더 좋은 공간을 만들 가능성이 있다는 뜻도 된다. 그러나 간혹 광고 속 아파트를 보면, '차별화'에만 집중한 나머지 집의 본질을 잊지 않았나 하는 생각도 든다.

광고 속 계층 간 차별을 느낄 때면 그런 생각은 더욱 심해진다. 광고 속 그들은 유럽 같은 집에 산다. 집에는 고급스러운 가구와 소품이 놓여 있다. 골프를 하고 시간이 나면 어려운 이웃도 돕는다.[28] 친척과 친구들은 그곳에 사는 그들을 부러워한다. 아이의 친구들은 자꾸 아파트에 놀러 오고 싶어 한다. '모두가 꿈꾸는 그곳'에서 '내일을 사는 자부심'을 느끼며 살고 있는 그들을 보면서 사람들은 소유의 욕망을 느낌과 동시에 심리적 박탈감을 느낀다. 브랜드 아파트를 소유한 사람과 그렇지 않은 사람이 명백히 구분되는 것이다.

광고 속에 나타나는 아파트의 모습과 아파트의 본질이 일치될 수는 없다. 많은 경우 광고 속의 아파트 모습이 아파트에서 이루어지는 생활의 모습을 왜곡하여 보여 주기도 하지만 동시에 사람들이 추구하는 삶의 모습을 이끌어 내기도 한다. 아파트가 이상적인 주거 공간으로 자리 잡고 변화해 가기 위하여 그 모습을 가상으로 그려 내고 다시 그것을 현실 속에서 구현해 내는 것이 광고의 이차적 가치일 것이다. 이러한 주거 문화의 현실 속에서 생산과 소비의 틀 안에 상품이 되어 버린 아파트가 진정한 삶의 공간이기 위하여 무엇이 필요한 것인지는 생각해 봐야 할 문제다.

한 광고에서 '집이 뭐지?'라는 문구를 강조했다. 늘 어렵고, 잊지 말아야 할 질문이다. 과연 집은 뭘까?

04 그림 속의 아파트: 아파트를 추억한다

오래된 아파트를 찾아가며 기록한 데에는 그것이 가지고 있는 건축적 가치를 중요하게 생각했던 것도 있지만 다양한 시간과 생활이 담겨 있는, 그리고 그것을 드러내고 있는 아파트의 모습에 압도되었기 때문이다. 기념비와 같이 그곳에 홀로 우뚝 서 있던 〈수색아파트〉. 그 빛 바랜 모습에 세월의 흔적들이 묻어 나와 건물이 가지고 있는 시간성을 엿볼 수 있다. 도심에서 떨어져 있는 서울시 경계의 수색 산자락 아래에 홀로 서 있는 〈수색아파트〉 앞에서 오래된 유적지에서나 느낄 수 있는 시간성과 공허함의 충격에 휩싸였다. 새롭고 화려한 건물들이 즐비한 도심 속에서 새로운 감성을 만날 수 있었다. 도시의 변화와 역사에 근거한 도시 공간의 신화적 관계 즉 시간과 기억을 담는 공간으로

〈수색아파트〉.

서의 가치를 〈수색아파트〉에서 보았던 것이다.

그리고 그러한 가치와 감성을 그림을 통해 표현하고 있는 화가를 만났다. 도시와 아파트를 바라보는 위치와 시각은 다르지만 도시를 바라보며 느끼는 것은 우리 모두 크게 다르지 않을 것이다. 그런 의미에서 그림을 통해 아파트를 보는 것이, 더 크게는 그림을 통해 도시를 보는 것이 의의를 가질 수 있으리라 생각한다.

도시와 미술

21세기는 지난 수세기에 이어 도시의 시대라고 말할 수 있다. 산업사회 이후 도시는 인간의 삶의 터전이 되었으며, 특히 자본주의의 발달과 근대화는 점점 그 안으로 사람들을 끌어들이며 거대 도시의 등장을 가속화하였다. 도시가 커지고 발달하면서, 대부분의 사람들이 도시에서 태어나고, 자라고, 생을 마치게 되었다. 건조한 회색빛 환경 속에서 똑같은 상자 속에서 살아가는 삶을 보며 그들의 삭막한 정서를 빗대어 아스팔트킨트Asphalt-kind[29]라는 말도 등장하였다. 이러한 거대 도시의 모습의 우울한 풍경을 부정할 수는 없지만, 그래도 여전히 도시는 우리가 그 속에서 생존해야 하는 역동적이고 활력이 넘치는 삶의 터전이다. 그 도시의 현실이 부정적이고 비극적이더라도 우리는 그 안에서 살아나가며, 또 그렇게 삶의 모습은 축적되어 감으로써, 도시와 인간의 삶은 불가분의 관계에 놓이게 된다.

인류의 문명과 함께 도시는 형성되었으며 도시는 역사가 이루어지는 주요한 무대였다. 그 안에서 예술가들이 특히 화가들이 도시에 대한 관심을 가지는 것은 당연한 일이다. 그곳이 바로 삶의 무대이기 때문이다. 한 사회의 살아나가는 방식과 생각하는 틀, 가치 개념들의 공간적 구현체[30]라고 말할 수 있는 도시의 풍경을 인식한다는 것은 그 시대의 삶의 모습을 인식하게 되는 것이다. 화가들이 어떻게 도시의 모습을 인식하고 그림을 그렸는지 그 과정을 보는 것은 우리의 삶의 모습을 다시 반추해 볼 수 있는 기회가 될 것이다. 또한 우리가 살아가고 있는 이곳을 그려 낸 그들의 눈을 통해 우리의 도시, 건축의 문화적 현실이 어디에 와 있는지를 조명해 볼 수 있을 것이다.

서울이 거대화되면서 우리의 화가들은 서울이라는 도시를, 우리의 삶, 우리의 주거를 어떻게 바라보았을까? 그리고 그것이 우리에게 주는 의미는 무엇일까?

서울의 혼란을 보는 시선

한국의 현대 도시적 삶의 응축된 곳은 바로 거대한 서울일 것이다. 우리의 화가들은 그 서울을 어떻게 바라보았고, 또 어떻게 바라보고 있을까? 우리나라의 경우 순수 미술에 대한 지향성이 지나치게 강했던 까닭에 도시적 삶의 진상을 표현하고자 한 작품은 그리 많지 않았다. 1981년 '현실과 발언'은 '도시와 시각'이라는 주제로 동인전을 열었다. 이것은 도시적 일상 삶의 모습은 물론이고, 그 경제적·문화적 현실까지 파악하고자 한 최초의 집단적 시도였다는 점에서 각별한 의미를 지닌다.[31] 이때의 도시는 단순히 소재, 풍경으로서 물리적 환경의 의미를 넘어선다. 현대적 삶이 반영된, 그 진실과 허구를 밝히는 실체로 채택되어졌던 것이다. 도시화의 혼란 속에 살고 있으면서도 그 삶의 핵심은 외면하고 있는, 작가로서의 의식과 시선이 결여되었던 미술에 대한 비판과 함께, 극심한 산업화에 힘겨워하는 서울의 모습을 담아내려 했다. 그리고 그러한 혼란 속에서 늘 아파트는 상징적인 존재였다.

김정헌은 〈풍요한 생활을 창조하는 – 럭키 모노륨〉에서 모내기하는 농부의 구부러진 뒷모습 위로 풍요로운 삶을 대변하는 아파트의 내부를 보여 주는 광고판을 오버랩함으로써 결국은 풍요롭지 못한 삶의 모습을 보여 준다. 이것은 궁핍하고 가난한 현실을 가리고, 가짜 풍요를 세뇌하는 거짓된 도시의 모습을 보여 주는 것이다. 그들에게 도시는 환상이며 허구였다. 신학철의 〈신기루〉에서도 이러한 현실을 볼 수 있다. 저 멀리 떠나는 여자아이의 뒷모습을 물끄러미 바라보는 노인들, 그 위로는 고층의 건물들이 늘어선 안락하고 풍요로운 서울의 모습이 뜬구름처럼 떠 있다. 그 뜬구름을 쫓아가는 여자아이를 잡지 못하고 물끄러미 바라보는 그네들의 모습은 산업화 과정에서 겪어야 했던 현실이었다.

근대화 과정 속에서 많은 청년들은 꿈을 안고 서울로 향했다. 서

김정헌, 〈풍요로운 생활을 창조하는 - 럭키 모노륨〉, 1981, 91×73cm, 캔버스에 유채.

신학철, 〈신기루〉, 1984, 72.5×60.5cm, 캔버스에 유채.

김영진, 〈수영장에서〉, 1992, 182×227㎝, 캔버스에 유채.

울의 인구는 급속하게 팽창하였으며, 서울은 그들의 모든 꿈을 이루어 줄 수는 없었다. 서울이라는 도시는 그들에게는 풍요로운 삶을 가져다 주는 환영이었던 것이다. 당시의 미술은 그 허구적 모습을 보여 주고자 했던 비판적 시각이 강했다.

김영진의 〈수영장에서는〉이러한 서울의 모습이 허구가 아닌 실제로 다가온다. 1986년 아시안 게임과 1988년 올림픽을 지나면서 서울은 세계 속의 도시로 부상하였고, 풍요로운 중산층의 삶을 대변하는 높은 아파트를 배경으로 한가로이 수영을 즐기는 사람들의 모습은 당시 사람들에게 지상낙원과 같았던 서울의 이미지를 보여 준다.

아스팔트킨트 화가들

1970~80년대 서울의 도시화 과정과 그 발전을 지켜본 작가들의 시각이 비판적 시각으로 도시의 삶의 허구적 모습을 드러내려고 하였고,

도시는 그러한 소재였다면, 그 이후 세대인 작가들이 바라보고 느끼는 도시의 모습은 또 사뭇 다르다. 전 세대는 도시의 변화의 서울의 혼란을 몸으로 느낀 세대였다. 그들은 그 단계들을 몸소 경험하며 그 혼란을 고스란히 거쳐 왔다. 그로부터 30여 년의 시간이 지난 지금의 세대에게 있어서 도시는 자신들이 태어나며 자라온 환경이다. 일상이며, 자신들의 기억 속에 함께하는 공간인 것이다.

아스팔트킨트인 그들은 도시적 감수성을 키우며 자라난 세대다. 그리고 그러한 감수성을 도시의 풍경을 담아내는 작업들을 통해 드러내고 있다.[32] 도시를 바라보는 젊은 작가들의 전시는 도시가 가지고 있는 이야기를 그림으로 담아냈다. 그중에서도 도시 속 주거의 모습에 관심을 가지고 있는 작가들이 있다.

도시의 익숙하고 일상적인 것에 관심을 가지는 그들에게 아파트는 그 자체만으로도 피사체가 된다. 김윤경의 〈집〉은 아파트 정면을 작가의 감수성으로 표현한 작품이다. 지금의 20대 혹은 30대에게 집이란 것을 생각하면 대부분 아파트 풍경을 떠올릴 것이다. 똑같은 창문

김윤경, 〈집〉, 2007, 72.7×90.9 cm, 캔버스에 아크릴.

정직성, 〈신림동 - 연립주택〉, 2004, 130×194cm, 캔버스에 유채.

이 일렬로 놓인 아파트. 그나마 사람이 살고 시간이 흐르면 창문 혹은 창의 모습은 조금씩 달라지곤 했었다.

정직성이 그린 〈신림동 - 연립주택〉에서 그가 주목하고 있는 것은 비슷해 보이는 연립주택이 실은 거주자의 다양한 형식으로 변형되는 서울의 특수성이었다. 사는 사람의 모습이 조금씩 투영되어 시간이 흐름에 따라 스스로 성장하는 건물의 모습을 그려 내고 있는 것이다. 짧은 시간에 동시다발적으로 지어졌던 집합 주거들은 처음엔 모두 다 똑같아 보이지만, 시간이 지나면서 거주자들의 모습을 담아내며 그들의 삶을 반영해 낸다. 즉 각기 다른 그네들의 삶의 모습을 일률적인 주거 공간에 조금씩 다른 모습으로 시간과 기억들을 반영해 내고 있는 것이다.

또 다른 작품인 〈후암동 해방촌-집들〉 역시 집의 독특한 구조와 그것을 가능케 한 장소, 시간의 힘에 주목한다. 가파른 대지를 그대로 이용하여 지어진 집들은 마당이 지붕이 되기도 하고, 계단이 지붕이 되기도 하는 그 장소만이 가질 수 있는 건축적 모습을 보여 준다. 직접 걸으며 느끼면서 공간을 경험하고, 그러한 다양한 도시와 건물의 모습을 포착하는 그의 모습에서 과거 비판적 혹은 낭만적 시각에 머물렀던 도시 풍경과는 또 다른 모습을 본다. 거대한 도시의 공간은 대량생산에 의해 만들어진 비슷한 상품들의 반복으로 구성된다. 그러나 그 안에서도 거주자의 차이는 존재한다. 그 차이는 그들의 삶이 오랜 시간을 거치면서 묻어나면서 드러나게 되는 것이다. 이것은 도시 공간에서 보이는 시간의 힘이다.

오래된 아파트를 그리다

정재호는 그러한 도시의 모습 속에서 '오래된 아파트'를 그리는 화가다. 도시 속의 삭막한 아파트의 모습을 강조하는 대신 그는 오래된 아파트를 통해 시간과 삶의 모습을 보여 준다. 근대화 과정에서 삭막하게 혹은 풍요로운 삶의 모습의 아이콘으로만 그려졌던 아파트는 이제 그 자체가 근대화 과정을 거쳐 간 상징이며, 그들의 삶이 담겨진 그릇인 것이다. 주택 부족의 문제를 해결하고 도시의 미관을 정비한다는 이유로 서울의 곳곳에는 아파트가 들어섰었다. 특히 당시 지어졌던 각종 서민 아파트와 시범아파트는 콘크리트 골조만 지어진 채 나머지는 입주자의 몫으로 남겨졌고, 또한 처음으로 계획을 시작했던 행정 주체가 예상치 못했던 변수들은 그 형태에 고스란히 남아 있다. 살아가는 사람들의 손을 거치면서 아파트는 처음의 의도와는 다르게 수정되고, 덧붙여지고, 변질되면서 각자의 공간과 의미를 만들어 나갔다.

    1971년생인 정재호는 그러한 아파트에서 살아온 '아파트 세대'다. 작가가 살았던 아파트들은 이제는 낡고 늙었다는 이유로 없어지고 있다. 그 아파트는 작가 자신이 살았던 삶의 모습이 남아 있고, 근대화를 거쳤던 사람들의 삶의 흔적이 곳곳에 남아 있다. 이러한 흔적들이

정재호, 〈대광맨션아파트〉, 2005,
162×486cm, 한지에 채색.

정재호, 〈회현동 기념비〉, 2005, 259×194㎝, 한지에 목탄·먹 채색.

정재호, 〈청풍계淸風溪 - 청운동 공원화 프로젝트〉, 2005, 194× 259cm, 한지에 목탄·먹.

정재호, 〈대성맨숀아파트〉, 2005, 270×194cm, 한지에 채색.

사라지거나 없어지는 상황 속에서 작가는 그것들을 기록하고 재현한다. 서울의 특수한 아파트 건축 역사를 반영한 건물을 직접 찾아내고, 조사하고, 느끼면서 자신의 눈으로 손으로 그려 내는 과정을 거치면서 근대화 속에서 살아왔던 사람들의 채취를 남기고, 이제는 폐허가 되어 버린 장소와 건물을 다시 찾아내고 기념한다.

> 대부분이 재건축 추진 중이라서 언제 없어질지 모르는 아파트들이긴 하지만 그 아파트들을 찾아다니면서 '오래된 아파트는 도시 빈민들의 주거이며, 노후하여 안전하지 않기 때문에 시급히 철거되거나 재건축되어야 하는 도시의 흉물이다' 라는 일반적 인식에서 벗어나서 오래된 아파트가 가진 풍부한 의미들을 만날 수가 있었다. 상당히 많은 곳들이 아직도 훌륭한 공동 주거의 역할을 하고 있었고, 또 어떤 곳에서는 지금은 사라졌다고 여겨지는 공동체로서의 삶의 양식이 보존되고 있음을 목격하였으며, 비록 좁지만 인간의 삶에 대한 배려가 담긴 아름다운 공간들을 만날 수 있었다.[33]

정재호의 그림[34]은 우리에게 오래된 아파트를 들여다보라고, 그들의 삶의 소중함을 조심스레 말한다. 거대한 자본주의의 도시인 서울 안에서 모두 다 고개를 돌리는 오래된 아파트에도 보아야 할 공간이, 느껴야 할 삶의 모습이 있음을 말하고 있다.

서울이라는 도시는 그 나름대로의 역사성을 가지고 있다. 이른바 '압축 성장' 즉, 급속한 산업 발전과 인구의 증가를 거치면서 서울은 과거의 도시의 행태를 유지하기도 하며, 전혀 새로운 그림을 그려 내기도 한다. 한참의 시간이 지나오면서 그러한 시도는 때로는 실패라고 불리면서 그 사실을 덮어버리고 은폐하기에 바빴다. 그러나 그 역시 우리의 삶이 이어져온 터전임을 부정할 수는 없을 것이다. 찬란한 것들, 새로운 것들을 만들어 내기에 급급한 지금 다시 한 번 우리의 과거를 돌아보는 것은 미래를 위한 일일 것이다.

주

I
아파트는 우리에게 무엇이었나?

1) 당시 오티스Otis 엘리베이터가 사용되었다(손정목, 《국토》, 1998. 5., 114~115쪽). 일제강점기인 1914년 조선철도국에 의해 설립될 당시에는 일본식 명칭인 '조선호테루'로 불리다가 이후 이승만에 의해 현재의 '조선호텔'로 개칭되었다.
2) 일본인 사업가인 노구찌 씨가 누추한 차림으로 〈조선호텔〉을 들어서다 입구에서 출입이 거절되고 나서 바로 그 옆에 〈조선호텔〉을 내려다볼 정도의 높이로 〈반도호텔〉을 지었다고 한다(《관광연구》, 출판일자는 확인 불능).
3) 지하 1층, 지상 18층. 건축가는 미국인 윌리엄 태블러William Tabler.
4) 심우갑·강상훈·여상진, 〈일제강점기 아파트 건축에 관한 연구〉, 《대한건축학회 논문집》 167호, 2002. 9.
5) 주택을 건설·공급하는 정부투자기관인 대한주택공사의 전신으로 조선총독부가 1941년 6월 창립했다. 정부 수립과 함께 1948년 대한주택영단으로 개칭, 1962년에 대한주택공사로 정식 발족했다.
6) 장성수, 〈1960~1970년대 한국 아파트의 변천에 관한 연구〉, 서울대학교 박사학위논문, 1994, 58쪽.
7) 심우갑·강상훈·여상진, 〈일제강점기 아파트 건축에 관한 연구〉, 《대한건축학회 논문집》 167호, 2002. 9, 164쪽에서 재인용.
8) 장성수, 〈1960~1970년대 한국 아파트의 변천에 관한 연구〉, 서울대학교 박사학위논문, 1994, 59쪽.
9) 〈중앙일보〉, 1997. 3.18.
10) 9평형 342세대, 12평형 72세대, 15평형 36세대의 총 450세대로 1962년 완공, 16평형 192세대는 1964년 완공. 염재선, 〈아파트 실태조사분석 서울지구를 중심으로〉, 《주택》 11권 2호, 1971, 107쪽.
11) 새로 완공된 〈마포아파트〉를 보며 신기해하는 시민들의 반응을 당시의 신문들이 보도했다. 〈중앙일보〉, 1997. 3.18.
12) '주거론' 수업시간(2005학년도 1학기) 과제에서 발췌.
13) '주거론' 수업시간(2005학년도 1학기) 과제에서 발췌.
14) 김은신, 《한 권으로 보는 한국 최초 101장면》, 가람기획, 1998, 198쪽. 1956년에 완공된 〈중앙아파트〉가 지어질 당시의 아파트에 대한 일반인의 인식을 적었다.
15) '주거론' 수업시간 과제에서 발췌.

16) '주거론' 수업시간 과제에서 발췌.
17) '주거론' 수업시간 과제에서 발췌.
18) 윤택림, 〈해방 이후 한국 부엌의 변화와 여성의 일〉, 《가족과 문화》 제16집 3호, 2004.
19) 함한희, 《부엌의 문화사》, 살림, 2005, 23쪽.
20) 우리나라에서 국내 자본으로 처음 세워진 연탄 공장은 대성그룹 김수근 회장이 1947년 대구에 세운 대성산업공사였다. 말이 좋아 공장이지 직원 세 사람이 손으로 기계를 돌려 연탄을 찍어내는 가내공업 수준이었다. 그 후 서울을 비롯한 전국 곳곳에 연탄 공장이 들어서면서 연탄은 그저 땔감으로 사용되던 장작의 수요를 대체해 나갔다.
   1950년대 중후반에 들어서면서 일반 주택과 상가를 중심으로 구공탄 온돌과 난로의 사용이 일반화되었고, 그 제조법 또한 상당한 기술에 이르게 되었다. 재래식의 장작을 대신해 이른바 십구공탄을 사용한 개량 온돌의 등장으로 부엌에서는 온수와 더불어 필요할 때면 언제나 불을 쓸 수 있게 되었다.
   마정미, 《한국 사회문화사 : 모던 뽀이에서 N세대까지》, 개마고원, 2004. 135쪽.
21) 진원희, 〈난방방식의 변천에 따른 아파트 평면의 특성〉, 연세대학교 석사학위논문, 2001, 64쪽.
22) 마정미, 《한국 사회문화사 : 모던 뽀이에서 N세대까지》, 개마고원, 2004. 135쪽.
23) 함한희, 《부엌의 문화사》, 살림, 2005, 55쪽.
24) 김춘수, 〈아파트 단위주호 평면구성에 영향을 주는 욕실의 위상변화에 관한 연구〉, 경상대학교 석사학위논문, 2004, 12쪽.
25) 반 수세식 변소란 상수도가 보급되지 않았던 시대의 한국형 수세식 변소로 오수를 이용하여 세척하는 변소다.
   김춘수, 〈아파트 단위주호 평면구성에 영향을 주는 욕실의 위상변화에 관한 연구〉, 경상대학교 석사학위논문, 2004, 15쪽.
26) 1913년 〈조선호텔〉에서 처음으로 수세식 변기가 사용되었다.
   김영호, 〈위생설비 발전사〉, 《설비저널》 제34권 6호, 대한설비공학회, 2006, 30쪽.
27) 외국 제품이 아닌 국산품 동양식 대변기가 사용된 것은 주택공사가 건설한 〈화곡동 국민주택〉(1965)이 처음이었다.
   김영호, 〈위생설비 발전사〉, 《설비저널》 제34권 6호, 대한설비공학회, 2006, 30쪽.
28) 김춘수, 〈아파트 단위주호 평면구성에 영향을 주는 욕실의 위상변화에 관한

연구〉, 경상대학교 석사학위논문, 2004, 15쪽.
29) 이영심·신경주, 〈서울지역 아파트 욕실 평면 변천〉, 《한국주거학회》 제6권 2호, 한국주거학회, 1995, 60쪽.
30) 이영심·신경주, 〈서울지역 아파트 욕실 평면 변천〉, 《한국주거학회》 제6권 2호, 한국주거학회, 1995, 60쪽.
31) 김영호, 〈위생설비 발전사〉, 《설비저널》 제34권 6호, 대한설비공학회, 2006, 30쪽.
32) 재건 주택은 정부가 계획하고 UNKRA가 원조한 자재 및 자금으로 건설·관리한 것이다. 부흥 주택은 국채발행기금 또는 주택자금 융자에 의해 건설되고 국민에게 분양·임대된 것으로 아파트와 상가 주택을 포함하여 부흥 주택이라 하였다. 희망 주택은 대지와 공사비를 입주자가 부담하되 자재만 주택영단에서 제공하는 주택이었다.
33) 박진희, 〈1960-70년대 초 일자형 집합 주거에 관한 연구〉, 연세대학교 석사학위논문, 2004, 27쪽. 1960년부터 1973년까지 지어진 217개 아파트의 사업 주체를 조사하였다.
34) 장성수, 〈1960~1970년대 한국 아파트의 변천에 관한 연구〉, 서울대학교 박사학위논문, 1994, 56쪽.
35) 인구는 1959년 200만 명에서 1970년 550만 명으로, 1979년에 다시 810만 명으로 20년 동안 4배 이상 증가했고, 전국 인구에 대한 서울 시민의 비중도 9.8%에서 21.7%로 늘어나 도시의 집중도는 더욱 심화되었다.
36) 김왕배, 《도시, 공간, 생활세계》, 한울, 2000.
37) 김봉렬, 《앎과 삶의 공간》, 이상건축, 1999, 230쪽.

II
도시 속 아파트, 다양한 유형

기초 연구

Jin-Hee Park & Leem-Jong Jang, 〈A Theoretical Foundations of Apartment Types in Seoul from the 1960's to the Early 1970's〉, ISAIA(International Symposium on Architectural Interchanges in Asia), 2006. 10.

박진희, 〈1960-70년대 초 일자형 집합 주거에 관한 연구〉, 연세대학교 석사학위 논문, 2004.

장남수, 〈중정형 집합 주거 계획에 관한 연구〉, 연세대학교 석사학위논문, 2005.

주성용·신민철·최정호·안상헌·양용기, 〈블록형 단일 건물 집합 주거의 중정에 관한 연구〉, 미발표 논문(2005년 1학기 연세대학교 대학원 건축공학과 '현대 집합 주거론').

1) "도시와 주거는 근대건축 운동에서 서로 뗄 수 없는 하나의 현실이다.The house and the city are seen by the masters of the Modern Movement as two inseparable realities that need and complement each other." Carlos Marti, 《The House and the City》, Inseparable Realities, AV, 1995, #56, 8~11쪽. 1995년에 유럽의 집합 주거를 들여다보면서 중요한 15개의 근대집합 주거 사례를 함께 다루고 있다.

2) 도시의 역사를 통하여 대표되는 하워드Ebenezer Howard의 가든 시티Garden City, 르코르뷔지에Le Corbusier의 삼백 만을 위한 도시, 지테Camillo Siitte의 낭만주의(Romanticism; V. M. Lampugnani의 지적)적 도시 계획 등 다양한 도시 계획과 이에 따른 도시 주거를 동시에 논의해야 하나, 이 책에서는 힐버자이머의 도시 공간과 그 이미지만을 다룬다.

3) Hilberseimer, Ludwig Karl, 'Project for a Highrise City(Hochhausstadt)' 1924.

4) Pommer, Richard, David Spaeth & Kevin Harrington, 《In the Shadow of Mies Ludwig Hilberseimer Architect, Educator, and Urban Planner》, The Art Institute of Chicago, 1988, 17쪽.

1931년에 가서야 힐버자이머는 정원green이 있는 집합 주거를 제안하였다. 위의 책, 41쪽.

5) "5·16 군사정변 후의 국토 개발 계획은 제3공화국의 제1차, 2차 경제개발 5

개년 계획의 토대로 승계되는데, 1960년대 초반은 국토에 대한 정보 부족, 계획 전문가 및 자본의 부족으로 총체적인 실효가 기대되기 어려웠다." 서울특별시사편찬위원회, 《서울건축사》, 1999, 788쪽.
6) 《공간》 창간호, 1966. 11., 8쪽.
7) 앞의 책, 9쪽.
8) 계획안의 실현 가능성과 이상적인 제안과의 사이에서 박병주는 본인의 입장을 스스로 잘 피력하였다. "본 계획은 소위 백지 서울 계획이란 명칭으로 발표 전부터 많은 관심을 모았고, 8·15전시 개시 수일 전에는 소위 무궁화도시의 계획이 신문지상에 보도되었다(신문지상에 발표된 계획안은 본 전시회에 발표된 안과 그 내용에 있어 판이하다.). ……(중략)…… 신도시 건설을 그렇게 가볍게 본 신문 보도도 우습거니와 확고한 방침도 결정되지 않은 마당에 마치 신도시 건설 방침을 굳힌 것 같은 인상을 던진 시 당국의 처사도 이해가 가지 않는다." 앞의 책, 15쪽.
9) "Planning authorities, under a centrally-administered economic order, attempt to maximize their power by large scale investment." Mills, Edwin & Byung-Nak Song, 《Urbanization and Urban Problems Studies in the Modernization of the Republic of Korea: 1945-1975》, Council on East Asian Studies of Harvard University, 1979, 80쪽.
10) "건설국에서 여의도 개발 계획이라는 것을 제출하면서 구석의 한 자리를 차지했을 뿐이었고 김(현옥) 시장 스스로도 여의도 개발에 대해서는 별로 관심을 두지 않았다." 손정목, 〈만원 서울을 해결하는 첫 단계, 한강개발(중)〉, 《국토》, 1997. 8., 133쪽.
11) 세운상가, 파고다아케이드, 낙원상가 등 민자 유치에 의한 도심 재개발.
12) 용산구 이촌(1968, 240세대), 서대문구 천연(1968, 854세대), 용산구 효창(1968, 71세대), 마포구 와우(1968, 135세대), 성동구 응봉(1968, 183세대), 종로구 청운(1968, 513세대), 종로구 동숭(1968, 1,266세대), 중구 회현(1969, 315세대), 동대문구 삼일(1969, 575세대+660세대), 동대문구 낙산(1969, 1,350세대), 동대문구 전릉(1969, 180세대), 성동구 응봉(1969, 425세대), 성동구 행응(1969, 489세대), 성북구 정능(1969, 454세대), 성북구 월곡(1969, 642세대), 성북구 도봉(1969, 180세대), 서대문구 금화(1969, 2,807세대), 서대문구 연희(1969, 1,245세대), 서대문구 창천(1969, 336세대), 서대문구 현저(1969, 229세대), 서대문구 북아현(1969, 905세대), 서대문구 응암(1969, 150세대), 서대문구 홍제(1969, 180세대), 서대문구 미동(1969, 60세대), 서대문구 녹번(1969, 405세대), 마포구 와우(1969, 539세대), 마포구 노고산(1969, 80세대), 용산구 이촌(1969, 460세대), 용산구 산천(1969, 450세대), 영등포구 본동(1969, 637세대), 영등포구 김포(1969, 104세대) 이상 1968년부

터 1969년 사이에 시공된 시민아파트다. 자료는 염재선, 〈아파트 실태조사 분석〉, 《주택》 11권 2호, 1971. 12., 111쪽에서 참조하였다.
13) 손정목, 〈만원 서울을 해결하는 첫 단계, 한강개발(상)〉, 《국토》, 1997. 7., 117쪽.
14) 《국토》, 1997. 12, 118~119쪽.
15) 정안상사에서 〈리바뷰맨션아파트〉(1동 55가구분), 주택은행이 〈복지아파트〉(1972, 10동 290가구분), 삼익주택에서 〈타워맨션아파트〉(1973, 1동 60가구분), 〈럭스맨션아파트〉(1974, 10동 460가구분) 그리고 〈점보맨션아파트〉(1974, 1동 144가구분), 정우개발에서 〈장미맨션아파트〉(1975, 1동 64가구분), 한양주택에서 〈코스모스맨션아파트〉(1975, 1동 30가구분), 라이프주택에서 〈미주맨션아파트〉(1975, 2동 70가구분), 삼익주택에서 〈왕궁맨션아파트〉(1975, 5동 250가구분)를 연이어 지었다. 〈한강맨션아파트〉 이후 민영아파트들이 '맨션아파트'라는 이름을 남발하였기 때문에 1974년에 서울시는 앞으로 건립될 아파트에는 '맨션'이라는 용어와 '럭스'니 '리바뷰'니 '점보'니 하는 등의 외래어를 사용하지 못하도록 하는 조치를 취했다. 서울특별시 영등포구, 《영등포구지》, 1990.
16) "서울의 상징인 한강이 아파트 숲에 파묻히고 있다. 유람선을 타고 한강을 지나가면, 남산과 관악산은 아파트에 가려 거의 보이지 않고 강변의 볼거리는 아파트가 전부일 정도다." 〈동아일보〉, 2000. 3. 8.
17) 염재선, 〈아파트 실태 조사 분석〉, 《주택》 11권 2호, 1970.
18) 염재선, 〈아파트 실태 조사 분석〉, 《주택》 11권 2호, 1970.
19) '서울특별시 서울육백년사', http://seoul600.visitseoul.net.에서 발췌.
20) 점용 허가 내용을 보면, 먼저 〈삼선상가〉의 경우 삼선상가주식회사가 1968년 2월 20일 하천법에 의한 점용 허가를 받아 삼선동1가 13번지에서 삼선동 2가 4번지까지의 구간 4,747㎡를 복개하고, 복개지상에 4층 3동, 7층 2동 연건평 18,881㎡를 건축, 1층은 상가 점포로, 2층 이상은 주택으로 사용하게 하고, 투자액의 상계 조건으로 10년간 하천 점용료를 면제케 하였다.
다음 〈성북상가〉는 1968년 5월 28일에 점용 허가를 하였는데, 동소문동3가 1번지에서 5가 118번지까지의 구간 4,432㎡를 복개, 복개지상에 3층 건물 2개동(연건평 13,296㎡)을 건축, 역시 1층은 상가로, 2층 이상은 주택으로 사용하되 상계 조건을 담당자의 부주의로 기록하지 않음에 따라 후일 집단 민원에 이어 집단 소송 사태까지 이르는 사건이 발생했다. 이와 같은 사건은 〈성북상가〉 이외에도 있지만, 같은 조건이면 같은 기준에 의해 허가해야 하는데도 부주의로 상계 기간이 명시되지 않고 허가함에 따라, 뒷날 성북구청의 담당 공무원은 다른 복개지상 상가아파트와 마찬가지로 10년 이후 11년째부터 점용료를 부과했다. 처음 상당 기간은 점용료를 내다가 허가 조건을 알게 된 상가아파트 측이 이의를 제기하고 집단 민원, 집단 소송을 제기하게 되었다.

마침내 법원의 최종심에서 상계 기간이 명시되지 않은 경우 민법의 규정에 의해 30년으로 본다는 판결이 내려짐에 따라 징수한 점용료도 환불하는 결과를 가져 왔다.

21) 서영주, 〈물길을 통해 본 도시 공간의 역사성에 관하여〉, 서울대 석사학위논문, 1994, 73쪽.
22) 이준표, 《도시와 건축》, 태림문화사, 1998, 110쪽.
23) 흔적의 원리는 관성이나 재사용에 의한 지속이다. 근대 운동은 이를 무시하고자 하였고, 중세 도시에서는 실용적으로 사용하였으며, 르네상스 시대나 최근의 도시 재건 프로젝트에서는 의도적으로 재사용하고자 하고 있다. 이러한 흔적의 발견은 도시 구성의 기본이 될 수 있는데, 과연 어떤 것이 역사적 가치가 있고 실용적인 것이 될 수 있는가가 문제다. 여하튼 흔적은 가능성 내지는 잠재성으로서 제시되며 그리고 그 용도는 여러 가지가 가능하다. 이준표, 《도시와 건축》, 태림문화사, 1998. 124쪽.
24) 서울 종로구는 신영동 119-1번지 일대 홍제천 복개 구조물 위에 건립된 〈신영상가 아파트〉의 철거를 추진 중이다. 지난 1971년 면적 9,475㎡에 상가 38호, 아파트 116가구 규모로 지어진 이 아파트는 3차례에 걸쳐 안전진단을 받은 결과 복개구조물 붕괴 가능성이 있는 'D급' 판정을 받았다. 이에 따라 종로구는 집중호우시 재산·인명 피해가 발생할 우려가 있는 데다, 2001년 11월 아파트의 지상권이 이미 만료되고, 주민 80퍼센트 이상이 철거를 희망하고 있어 철거를 서울시에 건의했다. www.joinsland.com 2003. 9. 4.에서 발췌
25) 이준표, 《도시와 건축》, 태림문화사, 1998. 109쪽.
26) 용마루모임, 《우리의 도시주거 들여다보기·내다보기》, 미건사, 1995, 122쪽.
27) 임승빈, 〈인간적 척도의 기준에 관한 연구〉, 《대한건축학회 논문집》 통권 제21호, 1989, 28.쪽에서 정리.
28) 기준인 17.3을 넘는 〈동대문아파트〉, 〈현대아현아파트〉의 경우는 다소 높게 느껴지는 부분이 있다. 실제로 〈현대아현아파트〉는 중정의 깊이가 깊고 공간이 협소하며, 안전을 위해 망을 설치했다.
29) 우리나라는 아직 이러한 주거 형태를 칭하는 용어가 공식적으로 확립되어 있지 않다. 'perimeter block housing' 또는 'courtyard apartment house', 가구형街區型, 폐쇄형閉鎖型, 연도형沿道型, 가구주변형街區周邊型 등 다양한 용어로 사용하고 있다.
30) 김수미, 〈도시에서의 중정형 건축의 의미에 관한 연구〉, 서울대 석사학위논문, 1995.
31) 권혁삼, 〈우리나라에 적용가능 중층고밀 공동주택의 모델개발에 관한 연구〉, 중앙대 석사학위논문, 2002에서 참고하여 새롭게 정리.

III
아파트 들여다보기

기초 연구
Leem-Jong Jang, 〈The Foundations of High-rise Housing in Seoul from 1953 to 1979〉, The Graduate School Kaiserslautern University, 2003.
진주원·백승한·신지섭·이단비·장림종, 〈한남아파트의 건축 계획적 특성에 관한 연구〉, 《대한건축학회 논문집》 222호, 2007. 4.

1) 〈종암아파트〉가 집합 주거 계획과 고층화의 기반으로써 실질적인 사례임에도, 그 내용에 대해서는 구체적으로 알려진 바가 없다. 기존 연구를 통해 알려진 것은 〈종암아파트〉로부터 아파트라는 주택 형식이 소개되기 시작(공동주택연구회, 《한국주택계획의 역사》, 36쪽)하였고, 〈종암아파트〉와 〈개명아파트〉를 통하여 서울시에서 아파트의 건설과 공급의 효시(서울특별시, 《서울건축사》(서울특별시 사편찬위원회 엮음, 서울역사총서 2), 서울특별시, 895쪽)를 이루게 되었다는 정도다.

2) Steffey, Harry M., 〈Housing in the Korea Economy〉, 《주택》, 1959. 7., 19쪽.

3) 그러나 이처럼 주택 건설 기술의 전반적인 낙후성에도 불구하고 새로운 건축 재료나 시공 기술은 상당히 오래 전에 주택 이외의 용도의 건물들이 지어졌다. 〈종암아파트〉가 보다 진보된 중공 콘크리트 블럭조로 만들어지기 전에 철근 콘크리트 건축물이 이미 1920~30년대에 본격적으로 소개되었다(송석기, 〈한국의 근대건축에서 나타난 모더니즘 건축으로의 양식변화〉, 연세대 박사학위논문, 30~31쪽, 1998.). 이 시기의 철근 콘크리트의 주요 구조물 중에는 〈경성스포츠센터〉의 수영장 스프링보드(1924), 〈경성도서관〉(1926), 〈통상산업 회의장〉(1929), 〈경성YMCA〉(1934)와 〈경성시민회관〉(1934) 등으로 많은 일반인이 이용할 수 있는 공공 건물이 주류를 이루고 있다. 초기 고층 호텔을 제외하고도 〈USIS(United States of Information Service) 빌딩〉과 〈동대문 경찰서〉같이 비교적 상세한 디테일을 지닌 철근 콘크리트 구조 건축물도 있었다. 즉, 〈종암아파트〉가 지어지기 훨씬 전부터 새로운 재료와 구조에 대한 선례가 있었던 셈이다.

4) 회사의 설립, 기계, 공장과 같은 일반적 정보는 현재의 중앙건설로부터 제공받았고, 다른 세부 사항은 1999년 4월 27일에 김병덕 당시 중앙산업 총무담당(1955~1965)과 인터뷰를 통해 얻었다.

5) 당시 국가 예산인 300만 달러의 1/3인 100만 달러가 콘크리트 생산과 관련된 기계 구입에 쓰였다.

6) 《현대건설 50년사》, 1997, 192쪽, 223쪽.
7) 〈조선호텔〉은 일제강점기 동안의 전국토 철도사업의 일환으로 서울역과 연계되어 지어졌다. 국영으로 운영되었으므로 호텔 총책임자는 국가 공무원 신분이었다.
8) 대지의 단면을 끊어 보면, 경사도가 대략 15퍼센트 정도 된다.
9) 〈베르그폴데르 아파트〉(1934) 외에도 같은 시기의 〈플라슬란Plaslaan 아파트〉(Van Tijen & Maaskant, 1938)의 단위 평면과도 유사함을 볼 수 있다.
10) 1950년대 말 〈한남동 외인주택단지〉(1956, 176호), 〈이태원 외인단지〉(1955~1957, 169호), 정릉(1954~1955, 355호), 회기동(1955~1959, 310호), 답십리(1956, 303호), 불광동(1956, 171호, 1959, 102호), 홍제동(1957, 136호) 등이 건설되었으나, 이들은 모두 재건 주택이나 부흥 주택 단지여서 본격적인 아파트 형식을 갖추지 못했다. 공동주택연구회, 《공동주택계획의 역사》, 세진사, 1999, 35~36쪽.
11) 3층, 3개 동.
12) 4층, 1개 동.
13) 최초의 국내 산업기술에 의하여 국내에서 생산된 재료(콘크리트 관련 제품, 목재 창호 및 부품 등을 포함)와 국내 건설 기술(독일인 마이어가 중앙산업의 기술 자문역으로 참여했으리라 추정), 건설 기술자 및 노동자가 동원되었다는 점을 통해 〈종암 아파트〉를 우리나라 아파트의 효시嚆矢로 본다.
14) "문헌을 통해 우리나라에서 아파트가 언급된 것은 일제강점기 유일의 건축 전문지인 《朝鮮と建築》 1925년 '建築雜報' 란에 '同潤會의 아파트먼트' 라는 제목의 기사가 최초이다." 강상훈, 〈일제강점기 근대시설의 모더니즘 수용〉, 서울대 박사학위논문, 2004, 162쪽.
15) 이후 '부영장옥富榮長屋' 이라고 부른다.
16) 1920년 이전까지 서울을 비롯한 많은 전통적 도시에서 감소세를 보이던 인구는 1920년대를 기점으로 증가세로 돌아섰다. 이와 함께 조선 거주 일본인의 수가 급격하게 늘어나면서 도심 지역을 일본인이 차지하게 되고 조선인은 도시 변두리로 밀려가는 신세가 되었다. 이에 따라 교외 지역의 주택 부족이 눈에 띄게 발생하여 이에 대한 대책으로 공동주택 형식의 조선인 집단 거주지가 건설되었다. 손정목, 《일제강점기 도시화과정연구》, 일지사, 1996, 126~152쪽 참조.
17) 심우갑·강상훈·여상진, 〈일제강점기 아파트 건축에 관한 연구〉, 《대한건축학회 논문집》 통권 167호, 2002. 9, 168쪽 참조.
18) 1923년 간토關同 대지진 이후 복구 사업을 위해 설립된 동윤회同潤會를 위시한 임대 아파트 사업의 여파로 보는 견해가 대체적이다.

19) 남시욱, 《체험적 기자론》, 나남출판, 1997.
20) 한남대학교 강인호 교수 홈페이지(http://arch.hannam.ac.kr/~kih, 2006. 9.) 참조하여 정리.
21) 〈충정아파트〉가 최초의 아파트라는 점과 함께 아파트의 역사를 기술하고 있으나, 가십난에 기재된 것으로 보아 당시에 〈충정아파트〉의 중요도에 대한 인식이 그리 크지 않았다는 것을 알 수 있다. 《중앙일보》, 1979. 2. 3.
22) 이호철, 《문단골 사람들》, 프리미엄북스, 1997, 110~111쪽.
23) 장림종 건축디자인연구실atstudio에서 인터뷰하고 정리했다.
24) 부흥 주택, 국민 주택은 주택 정책으로 산업은행 국채 발행 기금 또는 귀속 재산 처리 적립금 중 주택자금융자금에 의하여 건설되어 분양 또는 임대하는 주택으로 이 중에는 아파트, 상가 주택 등도 포함된다.
25) 재건 주택, 희망 주택은 정부 계획에 의하여 UNKRA 원조의 자재 및 자금으로 건설·관리되는 주택이며, 이 중에는 대지비와 공사비를 입주자 자기 부담으로 하고 재료에 한하여 주택영단에서 배정·분양하는 주택을 말한다.
26) 외인 주택은 부흥 주택과 같은 자금으로 건설·관리되는 외국인용 주택을 말한다.
27) '서울특별시 서울육백년사', http://seoul600.visitseoul.net.
28) 1967년 10월 3일에 시작된 공사는 1970년 3월 17일이 되어 끝났다. 지하로 2층 지상으로 1층이 증축되면서 총 연면적은 42,121㎡이 되었다.
29) 당시에 한 층의 건물 구조를 짓는 데 5일에서 7일의 시간이면 충분하였다. 한국건축사협회, 《한국의 현대건축 : 1876-1990》, 기문당, 1994, 223쪽.
30) 1969년 11월 29일에 시작하여 1971년 12월 30일에 공사가 끝난 연면적 31,138㎡의 건물이었다.
31) 안병의와의 인터뷰(1999. 3. 27).
32) 《현대건설 50년사》, 1997, 222~223쪽.
33) 《공동주택 생산기술의 변천에 관한 연구》, 대한주택공사, 1995, 38쪽.
34) '엔싸이버 두산백과사전' 참조.
35) 〈한남·월계아파트〉 건축주 연합회 박성식 회장과 〈한남아파트〉 옆 초원분식 사장이 인터뷰에 많은 도움을 주었다.
36) 박종순, 《도시문제》, 1969. 8.
37) 시민아파트의 부지와 관련하여 일화가 하나 있다. 한 서울시 간부가 "공사하기도 힘들고 입주자들도 힘들 텐데 왜 이렇게 높은 곳에 지어야 합니까."라고 묻자 김현옥 시장은 "이 바보들아. 높은데 지어야 청와대가 잘 보일 것 아니냐."라고 답했다고 한다. 이런 이야기가 회자될 정도로 당시에 잘 보이는 곳에 우뚝 선 아파트를 짓는다는 것은 근대화의 표상이자 개발의 성취를 표

현하는 것이었다.
38) http://news.khan.co.kr '시민아파트 37년 역사 속으로'에서 발췌.
39) 김봉렬, 《앎과 삶의 공간》, (주)이상건축, 1999, 230쪽.
40) 조은·조옥라, 《도시빈민의 삶과 공간 – 사당동 재개발지역 현장 연구》, 서울대학교 출판부, 1992, 51~54쪽.
41) 앞의 책, 108쪽.
42) 김왕배, 《도시, 공간, 생활세계》, 한울, 2000, 6쪽. 서문에서 자신의 시골 생활에 대한 기억과 서울의 도시 생활과의 차이를 적나라하고 실감나게 적었다.
43) 건축가 김중업의 표현, 서울대학교 행정대학원, 《한국행정사례집》, 법문사, 135쪽.
44) 홍두승, 《집합 주거와 사회 환경 – 소형 아파트단지 과밀의 사회학 함의》, 서울대학교 출판부, 1993, 45쪽.
45) 앞의 책, 2쪽.
46) 〈경향신문〉, 2006. 4. 13. 인터뷰 중.
47) 〈남아현아파트〉 근처에서 63년 동안 거주해 왔던 할아버지 인터뷰 요약(장림종 건축디자인 연구실).
48) 〈중앙일보〉, 1997. 3. 18.

IV
아파트의 문화적 풍경

기초 연구
유병욱, 〈1970년 이전 한국영화에서 나타난 집합 주거 공간 특성에 관한 연구〉, 연세대학교 석사학위논문, 2005.

1) 송은영, 〈현대도시 서울의 형성과 1960-70년대 소설의 문화지리학〉, 연세대학교 박사학위논문, 2008, 4쪽. 송은영은 문학을 통해 서울이라는 도시 공간을 사람들이 어떻게 체험하고 인식하였는지를 연구하였다. 즉, 문학이라는 것이 도시적·건축적 상황을 이해하는 매개체의 역할을 하고 있음을 보여 준다. 이 글은 그중에서도 아파트라는 공간에 초점을 맞추어 다루었다.

2) 김정동은 《문학 속 우리 도시 기행》(푸른역사, 2001)을 통해 근·현대 소설 속에서 근대건축사의 자료적 한계를 극복하고자 함을 이야기했다. 또한 박철수는 《아파트의 문화사》(살림, 2006)에서 1960년대 이후 아파트의 등장과 그 이후의 인식을 대중소설을 통해 서술했다.

3) "전쟁 전 1949년 당시 서울의 가구 수는 약 30만을 넘었는데 주거 수는 약 19만 동으로, 주택 부족수가 약 11만 동이었고 주택 보유율은 약 63퍼센트 정도였던 것이다. 그러나 이 주택 수 19만 동 중에 얼마나 많은 불량 주택-토막 또는 판잣집이 포함되어 있었는가에 관해서는 전혀 알 수가 없다. 만약에 이 19만이라는 숫자 속에 약 3만 동이 불량 주택이었다고 가정하면 정상 주택 보유율은 겨우 53퍼센트에 불과했다고 보아야 할 것이며 그 당시에도 전시민의 약 1/2정도는 셋방살이 아니면 불량주택 거주자였다고 판단되는 것이다."
('서울특별시 서울육백년사', http://seoul600.visitseoul.net.)

4) 데이비드 하비David Harvey는 미셸 드 세르토Michel de Certeau의 구절을 인용하여 사람들이 낯선 도시에서 높고 편안한 곳에 올라가서 광경을 내려다보는 기회를 갖는 것은 '상승'이 "마치 신처럼 아래를 내려다보는 태양 같은 눈을 가지도록 허락"하기 때문이라고 표현하였다. 송은영은 이 표현을 재인용하여 소설 속 주인공 준구가 아파트에서 내려다보는 조망을 통해 가졌었던 만족감을 설명하였다.
데이비드 하비 지음, 초의수 옮김, 《도시의 정치경제학》, 한울, 1996, 17쪽.; 송은영, 〈현대도시 서울의 형성과 1960-70년대 소설의 문화지리학〉, 연세대 박사학위논문, 2008, 113쪽에서 재인용.

5) 1968년 서울시가 경기도 광주군에 200만 평의 단지를 조성해 50만 명의 도시 빈민을 수용할 수 있는 신도시를 건설하여 5만 5000가구 28만 명을 이주시키기로 했다. 준비 없이 자급자족의 기반도 없이 급조하여 조성된 광주 대단지는 직장이 있던 서울로부터 장시간의 통근 거리, 오·폐수나 화장실 문제 등을 지닌 열악한 환경이었으며 특히 서울에서 쫓겨 나온 사회적 소외감·자괴감을 갖게 되고, 이는 1971년 8월 10일에 5만여 주민이 참여해 사회적 대응으로 소요와 폭동을 일으키게 된다.
6) 최초의 고층 아파트는 1967년에 건설된 〈세운상가〉를 들 수 있다. 〈현대세운〉(13층), 〈신성상가〉(10층), 〈청계상가〉(8층) 등을 통칭하여 '세운상가'라 하며 하부의 상가와 상부의 주거로 이루어진 주상복합형 건물이다. 최초의 순수 주거용 고층 아파트는 1968년에 외인 거주용으로 준공된 〈힐탑아파트〉를 들 수 있다. 그러나 1동으로 계획되었기에 〈여의도 시범아파트〉를 고층 아파트 단지의 시초라 할 수 있다.
7) 발레리 줄레조, 《한국의 아파트 연구》, 아연출판부, 2004, 51-55쪽.
8) 송은영, 〈현대도시 서울의 형성과 1960-70년대 소설의 문화지리학〉, 연세대학교 박사학위논문, 2008, 160쪽.
9) 홍성용, 《영화속의 건축이야기》, 발언, 1999, 162쪽.
10) 주로 허무적이고 퇴폐적 경향의 여성을 지칭했던 용어로 고등교육을 받은 여성, 여학생, 직업 전선에 뛰어든 미망인, 외국 군인을 상대하는 성매매 여성 등 모두를 공격하는 용어로 사용되어 퇴폐적·서구 지향적·사회참여적인 여성이라는 의미를 갖게 되었다. 이임하, 《여성, 전쟁을 넘어 일어서다》, 서해문집, 2004.
11) 정희선, 《여성을 위한 경영학》, 법문사, 2002.
12) 최인호가 〈조선일보〉에 연재했던 소설을 영화로 만든 작품이다.
13) 최인호의 동명 소설을 원작으로 영화화했다.
14) 한국도시연구소 엮음, 《도시공동체론》, 한울아카데미, 2003. 참조.
15) 최근에는 보일러실만으로 이용하던 지하실을 개조하여 주민들의 헬스장, 회의장 등으로 이용하기도 한다.
16) 〈아파트〉 제작보고회에서 안병기 감독 인터뷰.
http://www.koreafilm.co.kr/news/news2006_6-1_1.htm.
17) 편석환, 〈TV영상광고에 나타난 브랜드 아파트 이미지 광고 분석과 성과 및 문제점에 관한 연구〉, 《대한경영학회지》, 제19권 3호, 2006, 772쪽.
18) 김민지, 〈TV광고의 기호학적 분석을 통해서 드러난 아파트 담론 변화에 관한 연구〉, 서강대학교 석사학위논문, 2007, 10쪽.
19) 공동주택연구회, 《공동주택계획의 역사》, 세진사, 1999, 69쪽.
서문용, 〈아파트 상품화 요소의 전개와 계획특성의 변화에 관한 연구〉, 한남대 석사학위논문, 1998, 19쪽.
20) 편석환, 〈TV영상광고에 나타난 브랜드 아파트 이미지 광고 분석과 성과 및 문제점에 관한 연구〉, 《대한경영학회지》, 제19권 3호, 2006, 763쪽에서 재인용.
21) 김민지, 〈TV광고의 기호학적 분석을 통해서 드러난 아파트 담론 변화에 관한 연구〉, 서강대학교 석사학위논문, 2007, 13쪽.
22) 신창헌, 〈인쇄매체 광고를 통해 본 우리나라 주거문화의 경향에 대한 고찰〉, 서울대학교 석사학위논문, 2003, 25쪽.
23) 장혜원, 〈아파트 TV광고의 변화 과정과 의미 분석에 관한 연구〉, 서울시립대 석사학위논문, 2008, 21쪽.
24) 김민지, 〈TV광고의 기호학적 분석을 통해서 드러난 아파트 담론 변화에 관한 연구〉, 서강대학교 석사학위논문, 2007, 16쪽.
25) 장혜원, 〈아파트 TV광고의 변화 과정과 의미 분석에 관한 연구〉, 서울시립대 석사학위논문, 2008, 27쪽.
김민지, 〈TV광고의 기호학적 분석을 통해서 드러난 아파트 담론 변화에 관한 연구〉, 서강대학교 석사학위논문, 2007, 16쪽.
26) 서문용, 〈아파트 상품화 요소의 전개와 계획특성의 변화에 관한 연구〉, 한남대 석사학위논문, 1998.
27) 홍윤영·강미선·이윤희, 〈아파트 신문광고에 나타난 사회적 차별성에 대한 연구〉, 《대한건축학회 논문집 : 계획계》 193호, 2004. 11.
28) 부를 축적한 사람들이 어려운 이들을 돕는다는 '노블레스 오블리주'(귀족의 의무라는 뜻)를 강조함으로써 다시 한 번 그들의 사회적 계층을 부각시킨다.
29) 독일어로, 아스팔트 숲에서 태어나서 자라고 평생을 삭막한 대도시에서 살아온 현대인이 인간 본래의 모습과 심성을 잃어버린다고 풍자한 데서 유래했다.
30) 강홍빈, 〈도시: 체험의 대상, 아름다운 서울 전시 카탈로그〉, 국립현대미술관, 1991.
최태만, 《미술과 도시》, 열화당, 1995, 186쪽에서 재인용.
31) 최태만, 《미술과 도시》, 열화당, 1995, 168쪽.
32) 그룹전 혹은 개인전으로 작품을 접할 수가 있다. 인터넷을 통해 보여 주기도 하는데, '플라잉넷'이라는 이름으로 활동하고 있다. 플라잉넷은 서울의 각 지역을 몸소 몸으로 느끼면서 자신들의 기억을 기록하는 젊은 집단이다. 그들의 작업은 웹사이트(www.flyingnet.org)에서 볼 수 있다.
33) 정재호, '오래된 아파트', 금호미술관, 2005.
34) 정재호의 오래된 아파트 그림과 글은 장림종의 오래된 아파트 연구에서 영향을 받았으며, 거꾸로 그의 그림은 장림종의 연구에 영향을 주는 순환적 관계에 있다.

대한민국 아파트 발굴사
종암에서 힐탑까지, 1세대 아파트 탐사의 기록

1판 1쇄 펴냄 2009년 4월 30일
1판 3쇄 펴냄 2015년 8월 10일

지은이 장림종·박진희

펴낸이 송영만
펴낸곳 효형출판
주소 413-756 경기도 파주시 회동길 125-11(파주출판도시)
전화 031 955 7600
팩스 031 955 7610
웹사이트 www.hyohyung.co.kr
이메일 info@hyohyung.co.kr
등록 1994년 9월 16일 제406-2003-031호

ISBN 978-89-5872-078-2 03540

이 책에 실린 글과 그림은 효형출판의 허락 없이 옮겨 쓸 수 없습니다.

값 15,000원